これでわかる 基礎高分子化学

畔田博文　福田知博　森　康貴　伊藤研策　遠藤洋史　佐藤久美子

三共出版

まえがき

　私たちの身の周りには有機物からなる材料がたくさん存在し，これらなくして私たちの生活は成り立たないと言っても過言ではない。すなわち，化学を学ぶもの，化学を深く学んだかどうかにかかわらず有機材料を扱うものにとって高分子化学を学ぶことは重要となる。

　しかしながら，多くの高分子化学に関する書は執筆者の専門分野に特化したものが多く，化学を学ぶ初学の学生や化学をあまり学んできていない材料系の技術者が高分子化合物の成り立ち（高分子合成），基本的な物性，高分子材料へと連続的に広く，浅く，平易に高分子化学全体を見渡せるように学べるような書はあまりないように感じる。

　高専という高等教育機関において化学系の学科では中学を卒業したばかりの学生が早い時期から化学に関する専門科目を学び始める。この専門科目の中のひとつとして高分子化学も含まれ，高分子化学を深く理解するために必要な有機化学や物理化学と並行して高分子化学を学ばなければいけない状況にある。

　また，機械系などの学科の学生や化学以外を専攻した技術者が高分子材料を学ぶ際には化学をさほど深く学んでこないまま高分子化学を学ばなければいけないこととなる。そこで，著者らは『これでわかる基礎高分子化学』と題し，化学を学ぶ初学の学生ならびに化学を専門としてこなかった有機材料にかかわる技術者や学生が高分子材料を学ぶことを手助けできるような書を企画するに至った。以下にこの書の特徴を記す。

　この書は高分子材料の成り立ち（高分子合成）（第Ⅰ編），高分子材料を理解するための基本的物性（第Ⅱ編），高分子の成形加工と機能性高分子（第Ⅲ編）を連続的に学べるように3編に分け，連続的に配置した。また，上記のような初学の学生や化学系外の学生に高分子材料に関する授業を担当した経験のある教員が執筆者となることにより，高分子化学全体を学ぶ際に，敷居を感じずに学べることを目的に過度な化学式や過度な数式を用いない配慮を行い，できる限り平易な内容とすることを心がけた。さらに，各章のはじめにはその章での学習目標を明示し，学ぶものがその章で何を学び，何を理解することを目標にするのかを意識できるようにした。また，各章の末尾にはその目標がどの程度達成されたのかを確認するための章末問題を配置した。

　このように本書が化学を学ぶ初学生や，化学を専門としてこなかった学生（技術者）が，高分子材料について広く全体を見渡せるように理解することを支援することができるような書となることを著者らは切に望んでいる。

　最後に，この書の出版にご協力いただいた三共出版の秀島　功氏ならびに飯野久子氏に心から感謝申し上げる。

平成28年9月1日

著者を代表して　畔田　博文

目　　次

第Ⅰ編　合　成　編

1 高分子化合物と分子量の考え方
1.1 有機材料と高分子化合物 …………………………………… 2
1.2 モノマーとポリマー ………………………………………… 2
1.3 代表的なモノマーとポリマー ……………………………… 3
1.4 重合度と平均分子量，分子量分布 ………………………… 4
章末問題………………………………………………………………… 5

2 連鎖重合と逐次重合
2.1 高分子合成法―連鎖重合と逐次重合 ……………………… 7
2.2 連鎖重合 ……………………………………………………… 7
2.3 逐次重合 ……………………………………………………… 8
2.4 連鎖重合と逐次重合の比較 ………………………………… 9
章末問題………………………………………………………………… 10

3 ラジカル重合
3.1 ラジカルの発生方法 ………………………………………… 11
3.2 ラジカルの反応的性質とラジカル重合の利便性 ………… 13
3.3 ラジカル重合における素反応 ……………………………… 15
3.4 ラジカル重合における反応速度 …………………………… 16
3.5 各種共重合体（コポリマー）と共重合による改質 ……… 18
3.6 2種類のモノマーの共重合における反応性比 …………… 19
3.7 Alfrey-Price の Q 値と e 値 ………………………………… 22
3.8 Alfrey-Price の式と共重合結果の予測 …………………… 24
3.9 反応性比の推測 ……………………………………………… 25
章末問題………………………………………………………………… 27

4 イオン重合
4.1 カチオン重合とアニオン重合 ……………………………… 28
4.2 イオン重合における副反応 ………………………………… 29
4.3 モノマーの構造とイオン重合との関係 …………………… 31
4.4 イオン重合開始剤 …………………………………………… 32

  4.5 リビングアニオン重合 …………………………………………………… 34
  章末問題 …………………………………………………………………………… 35

5 開環重合
  5.1 開環重合とは ……………………………………………………………… 36
  5.2 開環重合の特徴 …………………………………………………………… 37
  5.3 開環重合性モノマー ……………………………………………………… 38
  5.4 カチオン開環重合 ………………………………………………………… 39
  5.5 アニオン開環重合 ………………………………………………………… 41
  章末問題 …………………………………………………………………………… 42

6 配位重合
  6.1 配位重合とは ……………………………………………………………… 43
  6.2 高分子の立体規則性 ……………………………………………………… 44
  6.3 オレフィン類の配位重合メカニズム …………………………………… 45
  6.4 メタセシス重合 …………………………………………………………… 47
  章末問題 …………………………………………………………………………… 49

7 リビング重合
  7.1 リビング重合 ……………………………………………………………… 50
  7.2 リビングラジカル重合 …………………………………………………… 51
  7.3 リビングカチオン重合 …………………………………………………… 54
  章末問題 …………………………………………………………………………… 55

8 重縮合・重付加反応
  8.1 逐次重合反応の分類による反応 ………………………………………… 56
  8.2 逐次重合における反応度と重合度との関係 …………………………… 57
  8.3 逐次重合反応における速度論 …………………………………………… 58
  8.4 逐次重合における分子量分布 …………………………………………… 59
  8.5 さまざまな重縮合および重付加反応による高分子 …………………… 61
  章末問題 …………………………………………………………………………… 63

9 付加縮合，および架橋反応による高分子合成
  9.1 付加縮合 …………………………………………………………………… 64
  9.2 付加縮合による合成樹脂 ………………………………………………… 64
  9.3 重付加反応高分子の架橋反応 …………………………………………… 67
  9.4 架橋反応の反応率 ………………………………………………………… 68
  9.5 逐次重合と連鎖重合の組合せによる高分子材料 ……………………… 68

章末問題 ··· 69

第II編　物　性　編

❶ 高分子の機械的性質
　　1.1　高分子－軟らかい材料 ··· 72
　　1.2　応力とひずみ ··· 73
　　1.3　弾性体と粘性対 ·· 74
　　1.4　材料の強さ－ひずみ曲線 ·· 75
　　1.5　応力緩和とクリープ ··· 77
　　1.6　粘弾性体の力学モデル ·· 79
　　1.7　ゴム弾性 ··· 82
　　章末問題 ··· 85

❷ 高分子材料の熱的性質
　　2.1　低分子物質の温度と状態変化 ·· 87
　　2.2　高分子鎖の運動 ·· 89
　　2.3　高分子の固体 ··· 90
　　2.4　高分子固体の機械的性質の温度変化 ····························· 91
　　2.5　高分子の液体とガラス転移 ··· 93
　　章末問題 ··· 95

❸ 高分子溶液の性質
　　3.1　高分子溶液の粘度 ··· 96
　　3.2　希薄溶液中における高分子鎖のかたち ························ 100
　　3.3　物質の混合 ·· 103
　　3.4　高分子溶液の生成 ··· 104
　　3.5　相平衡 ··· 106
　　3.6　高分子の分子量測定法 ·· 109
　　章末問題 ·· 119

第III編　高分子材料編

❶ 高分子材料の成形法
　　1.1　ゴム・樹脂・繊維の違い ··· 124
　　1.2　樹脂の分類 ·· 125

1.3　繊維の分類 …………………………………………………… 126
　　1.4　樹脂の成型法 ………………………………………………… 128
　　1.5　繊維の成形法 ………………………………………………… 131
　　1.6　成形プロセスに関わる高分子の挙動 ……………………… 133
　　章末問題 …………………………………………………………… 134

❷ 汎用プラスチックとエンジニアリングプラスチック
　　2.1　汎用プラスチック …………………………………………… 135
　　2.2　エンジニアリングプラスチック（エンプラ）…………… 140
　　章末問題 …………………………………………………………… 144

❸ 光や電子・電機分野における機能性高分子材料
　　3.1　電子・電機分野における高分子 …………………………… 145
　　3.2　光機能高分子 ………………………………………………… 149
　　3.3　複合材料 ……………………………………………………… 150
　　章末問題 …………………………………………………………… 151

❹ バイオ・医療分野における高分子材料
　　4.1　生体材料（バイオマテリアル）の種類 …………………… 152
　　4.2　生体適合性ポリマー ………………………………………… 152
　　4.3　細胞培養基材 ………………………………………………… 157
　　4.4　薬物送達を担う高分子材料 ………………………………… 158
　　章末問題 …………………………………………………………… 160

❺ 環境分野における高分子材料
　　5.1　高分子材料のリサイクル …………………………………… 161
　　5.2　生分解性ポリマー …………………………………………… 162
　　章末問題 …………………………………………………………… 165

章末問題解答 ………………………………………………………………… 167
参考図書 ……………………………………………………………………… 183
索　　引 ……………………………………………………………………… 185

第Ⅰ編 合成編

第Ⅰ編では,高分子の合成方法に主眼をおき,さまざまな高分子合成法について学びます。

❶では高分子化合物とは何か。

❷では高分子合成の2つの基本的考え方。

❸〜❾では様々な高分子合成法をビニルモノマーのラジカル重合,アニオン重合,イオン重合,環状モノマーの重合,配位重合,リビング重合,重縮合と重付加反応,付加縮合の順に各論的に学びます。

社会で使われている高分子材料が,化学的にどのように合成されているのかを理解するように努めてください。

1 高分子化合物と分子量の考え方

この章での学習目標
① モノマーとポリマーの関係が理解できる。
② 代表的なモノマーの構造と名前を覚える。
③ 重合度，数平均分子量，重量平均分子量，分子量分布の意味が理解でき，各数値を計算することができる。

1.1 有機材料と高分子化合物

有機材料（organic material）には，低分子量のものから高分子量のものまでさまざまなものがあるが，私たちが材料として用いているものの多くは高分子量の有機材料である。高分子化合物には，無機高分子化合物と有機高分子化合物があるが，特に断りのない限り有機高分子化合物のことを高分子化合物と表現する。つまり，有機材料について学ぶ際には高分子化合物の化学，**高分子化学**（polymer chemistry）を学ぶ必要がある。

高分子化合物を表す言葉としてプラスチックという言葉がある。元来，**プラスチック**（plastics）とは可塑性（軟らかくなる性質のある）高分子化合物を示す言葉であるが，日本では広義の意味で高分子化合物全般を表す言葉としてプラスチックが広く用いられている。また，元来，**樹脂**（resin）とは樹液から得られるやに状の物質を表す言葉であるが，高分子化合物全般を樹脂として表現することもある。

1.2 モノマーとポリマー

高分子化合物の多くは，その化学構造の中に繰り返し構造をもつものが多い。この繰り返し単位を持つ理由は，元となる低分子量の化合物が化学反応によりつぎつぎと結合することによって高分子量の巨大分子が生成するからである。これをイメージ図として図 I.1.1 に記す。

図 I.1.1　高分子化合物の生成イメージ

　高分子化合物のもととなる低分子量の化合物のことを**モノマー**（monomer）といい，高分子化合物のことを**ポリマー**（polymer）という。また，低分子化合物から高分子化合物が生成する化学反応のことを**重合反応**（polymerization reaction）という。

　モノとは「1個の」，ポリとは「たくさんの」ということを意味する接頭辞であり，モノマー，ポリマーはこの接頭辞を名詞化したものである。これを適応すると，モノマーが2つ結合して生成した化合物をダイマー（dimer），3つ結合して生成した化合物をトリマー（trimer）と表現することができる。また，十分に高分子量になっていない重合体を**オリゴマー**（oligomer）という。オリゴとは，「少量の」という意味を持つ接頭辞であり，これを名詞化したオリゴマーは10個程度（明確な定義はないので10個は目安である）の重合体のことを意味する。

1.3　代表的なモノマーとポリマー

　私たちが材料として汎用に用いている高分子化合物（**汎用プラスチック**：種類と各性質等については第Ⅲ編　材料編の❷でとりあげる）は，**ビニル基**（$CH_2=CH-$）をもつビニルモノマーを重合させることにより合成されることが多い（反応式 I.1.1）。例えば，幅広い用途で汎用に用いられているポリ塩化ビニル（モノマー名にポリをつけると高分子名にかわる）は，塩化ビニル（$CH_2=CHCl$）を重合させることにより合成された材料である。

$$CH_2=CH-X \longrightarrow {-\!\!\!-\!\!\![CH_2-CH(X)]_n\!-\!\!\!-\!\!\!-}$$

ビニルモノマー

反応式 I.1.1　ビニルモノマーの重合反応

　このようにビニル基を持つモノマーは原料が安価であること，高分子量化が容易であることから汎用に用いられる高分子材料の原料となる。

以下に，私たちの生活の中で汎用に用いられている高分子材料の原料となるモノマーの一例を記すので，名前と構造を覚えておいてもらいたい（図 I.1.2）。

CH$_2$=CH
|
Cl
塩化ビニル

CH$_2$=CH
|
CH$_3$
プロピレン（プロペン）

CH$_2$=CH$_2$
エチレン

CH$_2$=CH
|
C$_6$H$_5$
スチレン

CH$_2$=CH
|
CN
アクリロニトリル

CH$_2$=CH
|
CO$_2$H
アクリル酸

CH$_2$=CH
|
O-C(=O)-CH$_3$
酢酸ビニル

CH$_2$=C(CH$_3$)
|
CO$_2$CH$_3$
メタクリル酸メチル

図 I.1.2　代表的なビニルモノマー

1.4 重合度と平均分子量，分子量分布

先に示したように，高分子化合物はモノマーを重合させることにより合成される。重合反応において，1本のポリマー鎖に対してモノマーが何個結合したかを示す値が**重合度**（degree of polymerization）である（反応式 I.1.1 における n の値のこと）。しかし，重合反応において均一な重合度の高分子化合物を得ることは不可能であり，重合反応によって得られる高分子化合物は様々な重合度を持つ重合体の集合体となる。つまり，高分子化合物においては様々な分子量を持つ化合物の集合体としての取り扱いが必要となる。集合体の分子量を扱う方法として一般的に2種類の平均分子量がよく用いられる。

はじめに，**数平均分子量**（number-average molecular weight）について解説する。数平均分子量というとわかりづらいが，高分子鎖1本あたりの平均分子量を単純平均により求めた平均分子量と考えれば理解が容易になるであろう。すなわち，数式の分子に分子量の総和，分母に分子の個数をとることにより求められることとなる。これを数式に直すと次式のようになる（式 I.1.1）。Mi は各ポリマー分子の分子量，Ni は各分子量を持つポリマー分子の個数を表す。

$$M_n = \frac{\sum_{i=1}^{n} NiMi}{\sum_{i=1}^{n} Ni} \tag{I.1.1}$$

つぎに**重量平均分子量**（weight-average molecular weight）について解説する。高分子材料の性質を大きく左右するのは小さな分子量の分子の

存在ではなく，大きな分子量の分子の存在である．数平均分子量は小さな分子の存在の影響を大きく受けるため平均分子量と物性との関係を議論するには不向きである．そこで，大きな分子量の分子に重きを置いた平均分子量を用いることとなる．これが重量平均分子量である．重量平均分子量を算出するための式を式（I.1.2）に示す．式に示したように重量平均分子量では分子量の大きな分子の存在に重きを置くために分子量の2乗を扱う．

$$M_w = \frac{\sum_{i=1}^{n} NiMi^2}{\sum_{i=1}^{n} NiMi} \tag{I.1.2}$$

上述したように重量平均分子量は高分子量の分子の存在に重きを置くため，その値は数平均分子量の値よりも大きくなり（$M_w > M_n$），さまざまな分子量の分子が混在するほどその差は大きくなる．逆に単一分子量の分子からなる集合体ではその差はなくなり $M_w = M_n$ となる．したがって，数平均分子量と重量平均分子量を比較することは集合体における分子量の分布を知るうえで重要となり，この両者の比（M_w/M_n；上述よりこの値は1以上となる）のことを**分子量分布**（molecular weight distribution）もしくは**多分散度**（polydispersity index）という．

これらの平均分子量を求めるには，粘度法，浸透圧法，光散乱法，GPC法などがあるが，簡便で利便性が高いことからGPC法がよく用いられる．粘度法とGPC法以外の測定法の解説については他の書にその原理を任せることとするが，粘度法とGPC法の原理については，本書の第II編の❸にて取り上げることとするので，そこで学んでもらいたい．

■ 章末問題

問 I.1.1 次のポリマーのもととなるモノマーの名前と構造式を記しなさい．

1) ポリ塩化ビニル
2) ポリ酢酸ビニル
3) ポリプロピレン
4) ポリアクリロニトリル

問 I.1.2 つぎのモノマーが重合した際のポリマーの名称と構造式を示しなさい．

1) エチレン
2) アクリル酸
3) アクリロニトリル
4) スチレン

問 I.1.3　分子量 100 の分子が 10 本，分子量 1,000 の分子が 10 本，分子量 5,000 の分子が 10 本，分子量 10,000 の分子が 3 本の集合体の数平均分子量，重量平均分子量，分子量分布を算出しなさい。

問 I.1.4　分子量 100 の分子が 10 本，分子量 1,000 の分子が 10 本，分子量 5,000 の分子が 10 本の集合体の数平均分子量，重量平均分子量，分子量分布を算出しなさい。また，これを問 I.1.3 の結果と比較することにより，高分子量化合物が各平均分子量に与える影響の程度の違いを考察しなさい。

2 連鎖重合と逐次重合

> **この章での学習目標**
> ① 高分子の合成法には大別して 2 種類あることが理解できる。
> ② 連鎖重合とはどのような重合法かが説明できる。
> ③ 逐次重合とはどのような重合法かが説明できる。
> ④ 両者の特徴や違いが説明できる。

2.1 高分子合成法－連鎖重合と逐次重合

高分子の合成法は，**汎用性高分子材料**の合成に多用されている**連鎖重合**（chain-growth polymerization）と**エンジニアリングプラスチック**の合成に多用される**逐次重合**（step-growth polymerization）の 2 つに大別される。

それぞれの詳細については次に述べることとするが，両者について簡単に記しておくこととする。先に示したビニルモノマーの重合は連鎖重合に属し，このようにポリマーを形成するための骨格（重合基）が限定的であるため**連鎖重合で得られるポリマー主鎖の骨格は限定的**である。これに対して，逐次重合では，重合基は多種多様であり，さらにこれらの重合に用いられる骨格の間に様々な骨格（スペーサー）を導入できるため**逐次重合で得られるポリマー主鎖の構造はバラエティに富んでいる**。飲料用ボトルなどに用いられているポリエチレンテレフタラート（PET）は，逐次重合によって作られるポリマーの代表例の 1 つである。

2.2 連鎖重合

図 I.2.1 に示すように，モノマーが活性化され，この活性化されたモノマーに別のモノマー分子が反応し，活性化された部位が移動する。ここに別のモノマー分子が新たに結合する。このように新たなモノマー分子の結合を繰り返していくことにより長鎖の巨大分子が生成する。このように反応が連鎖的に起こる重合法が**連鎖重合**である。したがって，モノマーは時間とともに順次減少していく。

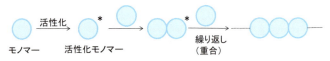

図 I.2.1 連鎖重合のイメージ

このモノマーの重合基としてよく用いられるのがビニル基である。このビニル基以外に環状アミドやエステルなど（開環重合：第 I 編 ❺）が重合基として用いられる。また，モノマーを活性化するために用いられるのが**ラジカル**（第 I 編 ❸），**カチオン**（第 I 編 ❹），**アニオン**（第 I 編 ❹）などの化学種ならびに**金属触媒**（第 I 編 ❻）である。

一般的に，この重合法により得られるポリマーの平均分子量は，モノマーの消費量，つまり時間にかかわらずほぼ一定である。ある程度ポリマー鎖が成長した段階で活性点が生長鎖（重合中の鎖）から別の分子に移り，生長が止まるとともに新たなポリマー鎖の生長をはじめる。これを**連鎖移動反応**（chain transfer reaction）という（詳細については第 I 編 ❸❹で述べる）。これが繰り返されるため，生成するポリマーの平均分子量はほぼ一定となり，ポリマー分子数は増加する。

この連鎖移動反応を抑制することができれば，平均分子量は時間とともに増加（モノマーの反応率に比例）することとなるが（**リビング重合**：第 I 編 ❹❼参照），このようなケースは特殊なケースであり，一般的ではない。

2.3 逐次重合

分子をつなぎ合わせるためには，新たに共有結合を形成させることとなる。共有結合を形成する有機反応は多種多様である。しかし，一般的な有機反応によって共有結合を形成させる場合（**縮合反応や付加反応**：第 I 編 ❽），炭素−炭素二重結合のように連鎖的に反応を起こすことができない場合が多く，ポリマー鎖を合成させるためには，1 分子につき 2 個の重合基が必要となる（**2 官能性モノマー**）。これを模式的に示したのが図 I.2.2 である。図 I.2.2 では，重合基が X および Y として示されている。X と Y は互いに効率よく速やかに反応し，共有結合を形成する骨格である。X と Y が反応することにより，オリゴマー（モノマーが数個結合したもの）が生成する。生成したオリゴマーが，さらに反応し高分子量化していく。これが，逐次重合の仕組みである。X と Y はよく反応

するためモノマーは反応開始とともに瞬時に消費される。

平均分子量は，時間とともに指数関数的に増加する。これは反応初期に生成したオリゴマーが時間とともに次々結合していくためである。したがって，重合が進むほどポリマー分子数は減少していく。

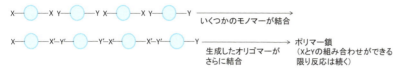

図 I.2.2　逐次重合のイメージ

連鎖重合では連鎖的に反応を起こすような骨格（ビニル基や環構造）のみが重合基として適応されるために生成するポリマー主鎖の骨格が限定的なのに対して，逐次重合では効率よく速やかに反応するような骨格であればどのような骨格であっても重合基として重合反応に用いることができ，さらには重合基の間のスペーサーとして様々な骨格が導入できるため得られるポリマー主鎖の骨格は多種多様なものとなる。

2.4　連鎖重合と逐次重合の比較

2.2，2.3 で述べた各重合法の時間と平均分子量との関係を図 I.2.3 に，各重合法の特徴を表 I.2.1 に示すので，この章の復習として各重合法を比較してもらいたい。

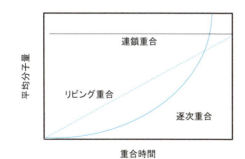

図 I.2.3　各重合法における時間と平均分子量との関係

表 I.2.1 連鎖重合と逐次重合の特徴

重合の種類	モノマー数	平均分子量	ポリマー分子数	モノマーの種類	ポリマーの構造
連鎖重合	時間とともに順次減少	時間に関係なくほぼ一定（ただし，リビング重合では比例的に増加）	増加（ただし，リビング重合では一定）	ビニルもしくは環状モノマー	限定的
逐次重合	瞬時に消費	時間とともに指数関数的に増加	減少	多種多様	多種多様

章末問題

問 I.2.1 次の記述が正しいか誤っているかを判断しなさい。

1) 重合反応を大別すると連鎖反応，逐次反応，リビング重合の3種類がある。
2) 連鎖重合が進行するとポリマー鎖数は一般的に増加していく。
3) 縮合反応を重合に応用した重縮合反応は，連鎖反応の一種である。
4) 平均分子量が時間に関係なく一定であるのは逐次重合である。
5) リビング重合は，連鎖重合の特殊なケースである。
6) 逐次重合は，ポリマー鎖を設計するのに適した重合法である。
7) 連鎖重合において，平均分子量がほぼ一定となるのは連鎖移動反応に起因するものである。
8) 連鎖重合では，モノマーは瞬時に消費される。
9) 逐次重合において，ポリマー鎖の生長を停止させる1つの要因に環状化合物の生成がある。
10) ビニルモノマーのラジカル重合は，連鎖重合の一種である。

問 I.2.2 連鎖重合において，平均分子量は時間に関係なく一定となり，ポリマー鎖数が増加することを説明しなさい。

問 I.2.3 連鎖重合と逐次重合における重合時間と平均分子量との関係をグラフとして示しなさい（注意：I.2.4を参照しながら記すのではなく，各重合法の特徴を理解したうえで記すこと）。

問 I.2.4 連鎖重合と逐次重合の特徴を次の項目について表としてまとめなさい。項目：モノマー数，平均分子量，ポリマー分子数，モノマーの種類，得られるポリマーの構造の多様性（注意：I.2.4を参照しながら記すのではなく，各重合法の特徴を理解したうえで記すこと）。

3 ラジカル重合

この章での学習目標
① ラジカルの発生方法が理解できる。
② ラジカルの性質およびラジカル重合の素反応について説明できる。
③ 2種のビニルモノマーのラジカル共重合における反応性比の意味が理解できる。
④ Alfrey-Price の Q 値，e 値の意味について説明できる。
⑤ Alfrey-Price の式をもとにモノマーの Q 値，e 値から共重合結果が予測できる。
⑥ 反応性比の求め方が理解できる。

3.1 ラジカルの発生方法

　ビニルモノマーは，ラジカル重合，イオン重合（カチオン，アニオン），金属触媒（配位重合）による重合により，ポリマーを与える。ここでは，ビニルモノマーのラジカル重合について解説する。まず，ラジカルの発生方法について触れたい。

　共有結合は2個の不対電子が対をなすことにより形成される結合であり，有機化合物はこの共有結合により成り立っている。この共有結合が何らかの理由により均等に開裂することで（ホモ開裂），再び不対電子を与える。このような不対電子を有する化学種を**フリーラジカル**（free radical）という（以下，ラジカルと表現することとする）。

　ラジカルを積極的に用いるためにはラジカルを発生させる必要がある。これによく用いられるのが，ラジカル開始剤である。開始剤として過酸化物系，アゾ系，レドックス系の3つが主である。それぞれについて以下に解説するので，よく用いられる開始剤例とともに理解してもらいたい。

　過酸化物系化合物は，分子内に -O-O- と酸素原子が連なった構造を有している。この構造は熱や光によって容易に均等開裂をおこし，2個のラジカルを与える（反応式 I.3.1）。

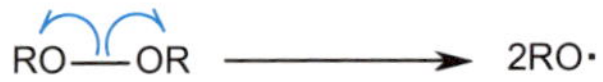

$$RO-OR \longrightarrow 2RO\cdot$$

反応式 I.3.1　過酸化物の熱・光分解

熱分解では過酸化物の安定性により開裂に適した温度が異なる。よく用いられる過酸化物系開始剤の一例と用いられる反応温度を以下に記す（図 I.3.1）。

Benzoyl peroxide (BPO)
80°C程度

Di(*t*-butyl) peroxide (DTBP)
120°C程度

図 I.3.1　過酸化物系開始剤の一例

アゾ化合物は，-N=N- を分子内に有する化合物であり，熱や光によって窒素分子が脱離し，その結果，ラジカルが発生するものである（反応式 I.3.2）。

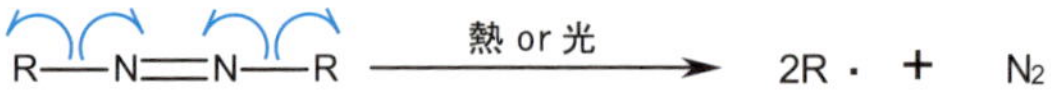

$$R-N=N-R \xrightarrow{熱\ or\ 光} 2R\cdot\ +\ N_2$$

反応式 I.3.2　アゾ化合物の熱・光分解

よく用いられるアゾ系開始剤の一例と用いられる反応温度を以下に記す（図 I.3.2）。

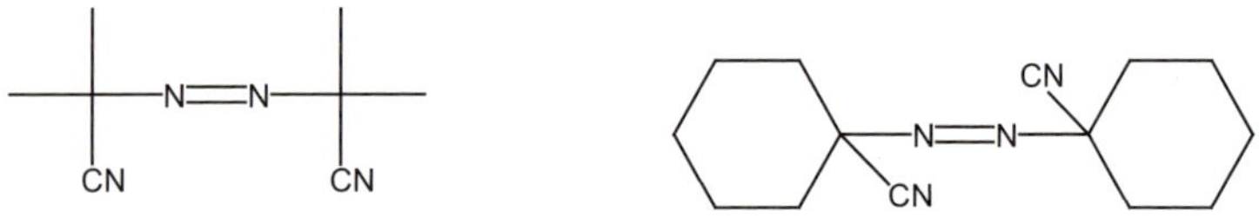

2,2'-Azobisisobutyronitrile (AIBN: V-60)
60 °C程度

1,1'-Azobis(cyclohexane-1-carbonitrile) (V-40)
90 °C程度

図 I.3.2　アゾ系開始剤の一例

レドックス（redox）とは，**還元**（reduction）と**酸化**（oxidation）を組み合わせた造語であり，レドックス開始剤はこの言葉のとおり還元剤と酸化剤を組み合わせ，その酸化 - 還元反応によりラジカルを発生させるものである。化学反応により，ラジカルを発生させる方法であるため

加熱や光照射の必要はなく低温でラジカルを発生することができる。第一鉄塩と過酸化水素水の組み合わせによる Fenton 試薬は古くから有機反応に用いられたレドックス系開始剤として有名である。この他，アミン（還元剤）と過酸化物（酸化剤）との組み合わせによる系もよく用いられる。以下にこの組合せにおけるラジカル発生メカニズムを示す（反応式 I.3.3）。

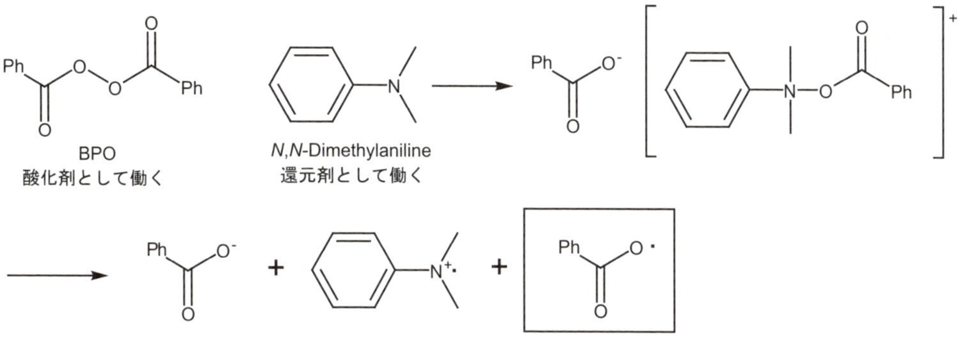

反応式 I.3.3　過酸化物－アミンによるラジカル発生

3.2　ラジカルの反応的性質とラジカル重合の利便性

この節ではラジカルの反応的性質についてみていきたい。

ラジカルは，再び共有結合を形成するために一般的には以下の4つの反応を起こす。

① **原子の引き抜き反応**：ラジカルが他の分子から原子を引き抜き，共有結合を新たに形成することにより自分自身は安定な状態となる。しかし，引き抜かれた物質はラジカルとなる（反応式 I.3.4）。

反応式 I.3.4　ラジカルによる原子の引き抜き反応

② **多重結合への付加反応**：多重結合の π 結合は σ 結合に比べ弱い結合である。これとラジカルが結合し，新たなラジカルを形成する反応が付加反応である。反応式 I.3.5 にラジカルが炭素－炭素二重結合に付加した場合の反応式を示す。

反応式 I.3.5　二重結合へのラジカル付加反応

③　再結合：ラジカル同士が互いに1個ずつの電子を出し合うことにより共有結合を形成する（反応式 I.3.6）。この反応が起こるとラジカルは消滅する。ラジカル開始剤の分解により発生したラジカルは，発生直後溶媒に囲まれているため，反応するためにはこのかごから飛び出さなければならず，**再結合**（recombination）を起こしやすい。これにより，発生したラジカルが目的とする反応にかかわる効率が低下する。これを，ラジカル開始剤を囲い込む溶媒をかごに見立ててかご効果という。

反応式 I.3.6　ラジカル2分子による再結合

④　不均化反応：不均化反応（disproportionation reaction）とは同一の2分子が反応し，異なる2分子を与える反応のことである。ラジカル反応では，反応式 I.3.7 のように2個のラジカルが反応し，構造の異なる2分子を与える反応のことをいう。再結合と同様にこの反応によってもラジカルは消滅する。したがって，この反応も，かご効果によりラジカルの反応効率を下げる要因の1つとなる。

反応式 I.3.7　ラジカル反応における不均化反応

ラジカル重合反応においても，これらのことは同様である。重合に当てはめた解説は次の節で行うこととするが，ラジカルがどのような反応を起こすかについてはここで理解しておいてもらいたい。

水は安定な不燃性の化合物であり入手が容易であることから，反応溶媒としてはとても重宝な物質である。しかし，有機イオンは水と容易に反応することからイオン反応の溶媒としては適していない。これに対して，有機ラジカルは水に対して連鎖移動しにくいことから，水とはかな

り反応しにくい。このため，水はラジカル反応の溶媒として使用可能であり，工業的にもラジカル反応の溶媒として重要な物質の1つである。これらの理由から，汎用に用いられている高分子化合物の多くは懸濁重合や乳化重合という形でラジカルを用いて水中で合成されている。懸濁や乳化法が用いられるのは，有機物は水と混じりにくいためである。ポリスチレンの製造は連続塊状法という溶媒を用いない重合法でも行われているが，反応熱による反応の暴走を制御する必要がある。

3.3 ラジカル重合における素反応

ある化学反応はいくつかの基本的反応が組み合わさって起こっていることが多く，この基本的反応のことを素反応という。ラジカル反応においては，3.1で示した原子の引き抜き反応，多重結合への付加反応，再結合，不均化反応の4種類の反応が素反応であり，これらの素反応がラジカル重合においても基本的反応，つまりラジカル重合の素反応となる。ラジカル重合の素反応の模式図を図 I.3.3 に示す。この図と 3.2 で示した反応式を照らし合わせながらみてもらいたい。以下の文中に示す番号 ①〜⑥ は図 I.3.3 中に示した番号に対応している。

模式図において開始剤を I，これから発生するラジカルを R・，モノマーを M，モノマーにラジカルが付加し発生したラジカルを M・，伸長が停止したポリマー鎖を P，溶媒分子など重合系内に存在するモノマー以外の分子を A，これから発生するラジカルを A・として示してある。① は開始剤の分解反応，② は開始反応，③ は生長反応，④ は連鎖移動反応，⑤ と ⑥ は停止反応（再結合停止と不均化停止）を示している。このそれぞれの反応について以下に解説する。

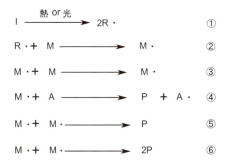

図 I.3.3 ラジカル重合における素反応のイメージ図

開始反応 ② と生長反応 ③：ビニルモノマーのラジカル重合によりポ

リマー鎖が伸長する反応は，炭素-炭素二重結合にラジカルが付加することにより起こる（反応式 I.3.5 を参照）。ポリマー鎖を伸長するために起こる一番初めの反応のことを**開始反応**（initiation）といい（図 I.3.3，それ以降の付加反応のことを**生長反応**（propagation）という。図 I.3.3 において開始反応は②，生長反応は③に相当する。

連鎖移動反応 ④：重合反応において，この生長反応のみが起これば，基本的には第 I 編 ❷ で解説したリビング重合という事になるが，ビニルモノマーの重合は連鎖重合であり，分子量はモノマーの転化率に関係なく一定となる。これは生長反応がある程度起こったところで**連鎖移動反応**（chain transfer reaction）（④）が起こり，生長を終えたポリマー（P）が生成し，連鎖移動により生成したラジカル（A・）が新たな開始，生長反応をおこすからである。この新たな開始，生長が，ポリマー鎖数が増えていく原因となる。反応式 I.3.4 に示した原子の引き抜き反応がこの連鎖移動反応にあたる。原子の引き抜き反応は，溶媒，モノマー，生成したポリマー（分岐の原因）など系に存在するさまざまな分子に対して起こり，水素原子が引き抜かれることが多い。プロピレンは，モノマーへの連鎖移動を起こしやすく，生成したアリルラジカル（$CH_2=CHCH_2・$）が安定ラジカルであるため重合を再開しにくい（破壊的連鎖移動）。このため，高分子量のポリプロピレンをラジカル重合で合成することはできない。

停止反応（termination）⑤ と ⑥：停止反応とはポリマー鎖の生長が停止し，ラジカルの消失を伴う反応のことである。これは，ポリマー鎖の末端ラジカルが反応式 I.3.6 と I.3.7 に示した再結合と不均化反応に対応している。このような活性種同士の反応によって活性種が消失する反応が存在するのはラジカル反応のみでありイオン反応ではこのような反応は存在しない。

3.4　ラジカル重合における反応速度

ビニルモノマーは，ラジカル重合以外にイオン重合もしやすいモノマーもあることから場合によっては，どんな活性種（ラジカル，カチオン，アニオン）によって重合が進行しているかを解析する必要がある。その場合，よく用いられるのが速度解析である。反応速度解析とは，反応物と反応速度との関係を方程式として表し，その式が実験結果に沿うかを確認する方法である。

はじめに，速度式の立て方について確認しておきたい。

「反応速度は反応する物質の濃度に比例する。」

これを用いて反応速度式をたてることとなる。つまり，反応する物質の濃度の積に比例定数を掛けたものが反応速度に等しいということになる。ラジカル重合においては，生長反応の速度を重合速度として扱うこととなる。

重合速度を R_p，生長反応の速度定数を k_p とすると，$R_p = k_p[M][M\cdot]$ となる（式の導出にあたっては図 I.3.3 に基づいて行う）。また，生長反応速度はモノマーの減少速度ともとらえることができるので $R_p = -d[M]/dt$ と表現することもできる。この 2 式を合わせると

$$R_p = -d[M]/dt = k_p[M][M\cdot] \tag{I.3.1}$$

となる。しかしながら，$M\cdot$ の濃度 $[M\cdot]$ は容易に知ることができないため，仮定と近似を行い，濃度測定が可能な物質の濃度に置き換える必要がある。この近似のための仮定を以下に示す。

ⅰ）生長反応の反応速度定数 k_p は生長ラジカルの分子量にかかわらず一定
ⅱ）生長ラジカルの濃度 $[M\cdot]$ は一定（定常状態近似）
ⅲ）生成ポリマーの重合度は高く，生長反応のみによってモノマーは消費される
ⅳ）連鎖移動が起こっても重合速度は低下しない（連鎖移動によって生成したラジカルは速やかに重合を再開する）

これらを用い $[M\cdot]$ の生成速度（$d[M\cdot]/dt$）について考えてみる。$[M\cdot]$ の増加は開始剤の分解反応 ① によって起こり，減少は停止反応 ⑤ と ⑥ によって起こる。これらを速度式として示すために各速度定数をそれぞれ k_d, k_{tr}, k_{td} とし，開始剤の反応効率を f とすると

$$-d[M\cdot]/dt = 2k_d f[I] - k_{tr}[M\cdot]^2 - k_{td}[M\cdot]^2 \tag{I.3.2}$$

となる。生長ラジカルの濃度は一定であるという仮定から式 (I.3.2) の値はゼロとなる。したがって

$$2k_d f[I] = (k_{tr} + k_{td})[M\cdot]^2 \tag{I.3.3}$$

$$[M\cdot] = \{2k_d f/(k_{tr} + k_{td})\}^{1/2}[I]^{1/2} \tag{I.3.3'}$$

となる。これを式 (I.3.1) に代入すると

$$R_p = -d[M]/dt = \{2k_d f/(k_{tr} + k_{td})\}^{1/2} k_p[M][I]^{1/2} = K[M][I]^{1/2} \tag{I.3.4}$$

となり（定数の項を K とした），重合速度はモノマー濃度ならびに開始剤濃度の 1/2 乗に比例することとなる。この 1/2 は，ラジカル 2 分子による停止反応に起因するものであり，イオン重合ではこのような反応は起こらないためラジカル反応の特徴ということになる。すなわち，ラジ

カルにより重合が進行しているか否かを調べるためには，モノマー濃度を一定とし，さまざまな開始剤濃度で重合速度が開始剤濃度の 1/2 乗に比例しているかどうかを重合初期において調べればよいこととなる。

3.5　各種共重合体（コポリマー）と共重合による改質

　ポリマーを材料として活用しようとする際，メリット，デメリットがある。例えば，ポリスチレンは美しい光沢をもち，成形加工時の流動性がよいというメリットを有するが，衝撃に弱く壊れやすいというデメリットも有する。エアコンやテレビのリモコンの本体をこのポリスチレンで製造したらどうなるだろうか。ポリスチレン自体は安価な材料であり，成形加工も容易であることから価格をおさえることができるであろう。さらに，ポリスチレンは美しい光沢をもった材料であることから見栄えの良い製品ができる事であろう。しかし，ポリスチレンには衝撃に弱く壊れやすいというデメリットがある。使用時に手を滑らせて落としてしまうことが多いリモコンには不向きなのである。

　このような材料の欠点を補う方法としてポリマーブレンドという方法がある。これは，複数のポリマーを成形時に混合し，お互いのメリットを引き立たせるとともにデメリットを補完させる技術の 1 つである。しかしながら，水と油のように極性が違いすぎるポリマー同士の混合は容易でないことも多い。これを解決させる 1 つの方法が **共重合**（copolymerization）である。**共重合体**（copolymer）は各成分が共有結合で結合しているため分離することはない。

　ポリスチレンの弱点を補強するためにつくられた材料が ABS 樹脂である。ABS 樹脂はスチレン，アクリロニトリル，ブタジエンをもとにブレンド法もしくは共重合法で合成される。共重合法ではポリブタジエン（合成ゴム）にスチレンとアクリロニトリルをグラフト共重合（グラフトとは接ぎ木という意味であり，これについては図 I.3.4 を参照してもらいたい）させる。ABS とはそれぞれのモノマーの頭文字である。ポリアクリロニトリルは機械的強度に優れ，ポリブタジエンは合成ゴムの一種であり耐衝撃性に優れている。この性質をうけて ABS 樹脂は，加工性に優れ，光沢があり美しく，機械的強度，耐衝撃性に優れた材料となる。このような理由から ABS 樹脂は落下が予想されるような最終製品の素材として広く活用されている。

　共重合体は重合の起こり方によってブロック，ランダム，グラフト，交互の 4 種類に大別される。2 種類のモノマー（A と B）を共重合させ

た場合の模式図を図 I.3.4 に示す。

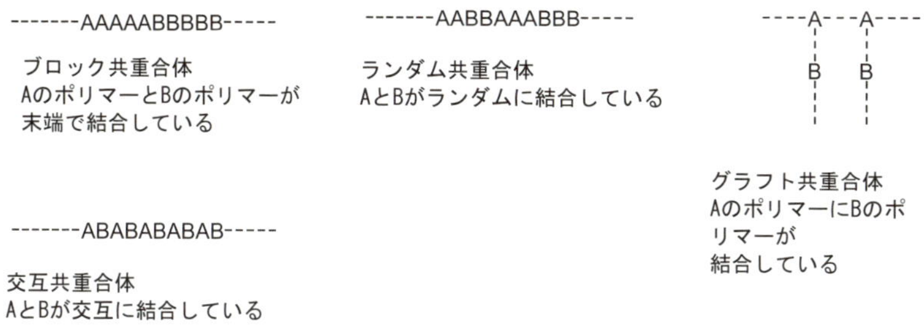

```
------AAAAABBBBB-----        -------AABBAAABBB-----         ----A---A---
ブロック共重合体             ランダム共重合体                   |   |
AのポリマーとBのポリマーが    AとBがランダムに結合している        B   B
末端で結合している                                             |   |

                                                          グラフト共重合体
------ABABABABAB-----                                      AのポリマーにBのポ
交互共重合体                                                リマーが
AとBが交互に結合している                                     結合している
```

図 I.3.4　共重合体の模式図

　ブロック共重合体は 2 種類のモノマーからなるそれぞれのポリマーが，末端で結合した共重合体である。これを合成するためには，特殊な重合法であるリビング重合法を用い，段階的に重合させる必要があることから利便性に欠ける。

　ランダム共重合は 2 種類のモノマー成分がランダムに組み込まれた共重合体のことを示す。重合させたいモノマーを混合し，重合させることにより得られる。ただし，思うように共重合するかどうかには注意を要する。これに関しては次の節で詳細に解説する。

　グラフト共重合は，あるポリマーにもう 1 種類のポリマーが枝のように結合した共重合体のことを示す。基本となるポリマーにグラフトしたいモノマーを添加し重合させることにより得られる。共重合により合成される ABS 樹脂はポリブタジエンにスチレンとアクリロニトリルを添加し共重合させたものである。

　交互共重合体は，ランダム共重合体と同様に重合させたいモノマーを混合し，共重合することにより得られる。ランダム共重合体になるか，交互共重合体になるかはモノマー間の性質によるものであり，人為的にコントロールすることはできない。

3.6　2 種類のモノマーの共重合における反応性比

　3.5 で 2 種類のモノマーを混合し共重合させる際，ランダム共重合体もしくは交互共重合体が生成する可能性があることを述べた。どのような場合にランダム共重合となり，どのような場合に交互共重合になるのであろうか。この節では，これについて考える。

この事を考えるために2種類のモノマーをM_1とM_2とし，生長末端がM_1の場合$M_1\cdot$とし，M_2の場合$M_2\cdot$と表現することとする。また，$M_1\cdot$がM_1を攻撃するときの反応速度定数をk_{11}と表現する。前半の数字は攻撃するラジカルの種類を表し，後半の数字は攻撃されるモノマーの種類を表している。すなわち，$M_2\cdot$がM_1を攻撃する反応速度定数はk_{21}と表せられることとなる。これらを模式的に表したのが，図I.3.5である。

$$M_1\cdot + M_1 \xrightarrow{k_{11}} M_1\cdot \quad ①$$
$$M_1\cdot + M_2 \xrightarrow{k_{12}} M_2\cdot \quad ②$$
$$M_2\cdot + M_1 \xrightarrow{k_{21}} M_1\cdot \quad ③$$
$$M_2\cdot + M_2 \xrightarrow{k_{22}} M_2\cdot \quad ④$$

図I.3.5　M_1とM_2の共重合における模式図

まずは$M_1\cdot$を中心に考える。$M_1\cdot$がどのモノマーを攻撃するかは反応速度の差によって決定される。反応速度は速度定数が大きいほど速くなる。したがって、反応速度の違いは各速度定数を比較することによって推測することができる。すなわち，$M_1\cdot$において$k_{11}\gg k_{12}$の場合$M_1\cdot$はM_2よりもM_1と速く反応するということになる。

ランダム共重合の場合は，各ラジカルにおいて反応相手を選択しないということになるので，すべての速度定数はほぼ等しいということになる。また，交互共重合の場合には，$M_1\cdot$はM_1よりもM_2を選択し，$M_2\cdot$はM_2よりもM_1を選択することになる。このような場合，生長末端の構造が交互に入れ替わり，これにより交互共重合体となる。すなわち，$k_{12}\gg k_{11}$，$k_{21}\gg k_{22}$の時，交互共重合体を与えることとなる。

このように，どのような共重合体を与えるかを考察する際，各速度定数を比較することとなるが，より簡便に共重合結果を推測する目的で反応性比（r）が用いられる。反応性比とは各モノマー間の速度定数を比として表したものである。例えば$M_1\cdot$についての反応性比は$r_1 = k_{11}/k_{12}$ということとなる。この比をとる際，同種間での反応の速度定数を分子，異種間の反応の速度定数を分母として比をとると理解しておいてもらいたい。また，r_1の1は$M_1\cdot$について考えるという意味である。これを適応すると$M_2\cdot$における反応性比$r_2 = k_{22}/k_{21}$ということとなる。反応性比が大きい場合，ラジカルは同種のモノマーを選択（$M_1\cdot$はM_1を選択）することとなり，1よりも小さい場合，異種のモノマーを選択するということを示すこととなる。

つまりランダム共重合の場合，r_1，r_2ともに1に近く，交互共重合の

場合, r_1, r_2 ともに 0 に近いということとなる。このことを図として表したのが図 I.3.6 である。

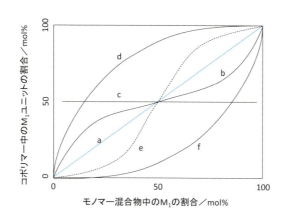

図 I.3.6　M_1 と M_2 との共重合における共重合曲線

横軸にはモノマー混合物中の M_1 の割合（仕込み比），縦軸には重合初期に生成した共重合体中の M_1 の割合が示されている。先に話題にあげたランダム共重合では，両方のラジカルは攻撃する相手を選ばないため，仕込み比に沿った割合（比例関係）で M_1 が共重合体中に含まれてくる（直線 a）。このような共重合を理想共重合と呼ぶ。また，交互共重合では，常に攻撃相手を変えながら重合が進行する（常に M_1 と M_2 は 1 : 1 で反応する）ためどのような仕込み比であっても共重合体中に含まれる M_1 ユニットの割合は常に 50% となる（ただし，仕込み比が 0 と 100 mol% ではこの限りではない。直線 c については p.24 参照）。

図 I.3.6 に示されている他の曲線についても見てみたい。曲線 b は，M_1, M_2 ともに異なる相手を選択するようなケース（r_1, r_2 ともに 1 未満）であり，r_1, r_2 の値がともに 0 に近づくほど交互共重合的となる。

曲線 d は，M_2 よりも M_1 の方が優先して重合し，M_2 が共重合体中に取り込まれにくいことを示しており，曲線が外に膨らむほどその傾向は顕著となる。曲線 f は，このケースの逆のケースである。

曲線 e は，同種のモノマー同士の単独重合が優先して起こるケースであることから，共重合には全く向かないモノマーの組合せであることを意味している。

このように，r_1, r_2 の値を知ることによりどのような共重合体を得ることができるかを事前に推測することが可能となる。r_1, r_2 については多くの文献にその値が示されているので，共重合を行うこととなった際には事前にそれらを参照されたい。

3.7 Alfrey-Price の Q 値と e 値

共重合においてさまざまな共重合体が得られる可能性があり，どのような共重合体が得られるかに関しては r_1, r_2 の値から推測できることを前節において解説した。この r_1, r_2 は何によって左右されるのであろうか。この節では r_1, r_2 に大きく影響を与える Q 値と e 値について解説する。Q 値と e 値はモノマーの反応性に関する値である。Alfrey と Price はこの値を用い，Alfrey-Price の式（次節に示す）を仮定することにより，Q 値と e 値から反応性比を求めたり，反応性比から Q 値と e 値を算出したりできることを提唱した。反応性比と Q 値，e 値の関係については次節で述べる。

Q 値は共鳴効果に関する数値である。あるビニルモノマーにラジカルが付加した際に生成したラジカルがどの程度共鳴により安定化できるかを示す値である。スチレンの Q 値を 1.0 とし算出される。この値が 0.2 以上のものを共役モノマー，0.2 未満のものを非共役モノマーと呼ぶ。この値が大きいほど，ラジカルの不対電子は置換基により共鳴安定化されることを示している。スチレンは共鳴効果が比較的強くはたらくモノマーの 1 つである。

Q 値が大きい場合，できるラジカルが共鳴安定化されるためモノマーの反応性は高く，生成ラジカルの反応性は低い。逆に Q 値が小さい場合，生成するラジカルはあまり安定化されることはないためモノマーの反応性は低く，生成ラジカルの反応性は高いこととなる（表 I.3.1 参照）。

すなわち，Q 値の大きなモノマーからできるラジカルは反応性が低いため，Q 値の小さな反応性の低いモノマーを攻撃しにくいこととなる。このように，Q 値の大小は共重合において各モノマーがどのように共重合していくかを考察するうえで重要な数値であることがわかる。

表 I.3.1　Q 値とモノマーの反応性，生成ラジカルの反応性との関係

Q 値	モノマーの反応(重合)性	生成ラジカルの反応性
大	高い	低い
小	低い	高い

e 値はビニルモノマーのビニル基における電子密度を表す数値である。この値が正の場合には，ビニル基の電子密度が低いということを示し，負の場合には電子密度が高いということを示している。この値はスチレンの -0.8 を基準として算出される。スチレンは，ビニル基の電子密度が比較的高いモノマーの 1 つである。

e 値と共重合との関係を考察しようと思うが，その前にラジカルの不対電子が電子の多い軌道と反応するのか，電子の少ない軌道と反応するのかを確認しておく必要がある。それぞれの相互作用について次に考えてみる。不対電子の軌道は SOMO（single occupied molecular orbital）と呼ばれ，電子が多い（満たされた）軌道は HOMO（highest occupied molecular orbital），電子が不足した軌道（空軌道）は LUMO（lowest unoccupied molecular orbital）という。SOMO は LUMO とも HOMO とも反応することができ，より近いエネルギー準位にある方を選択する（図 I.3.7）。電子求引性基の結合した SOMO はエネルギー準位が下がる傾向にあり，電子供与性基の結合した SOMO はエネルギー順位が上がる傾向にある。HOMO や LUMO についても同様の置換基効果がある。また，SOMO のエネルギー準位は HOMO と LUMO の間に存在する。これらのことを，図 I.3.7 を用いてイメージしてもらいたい。

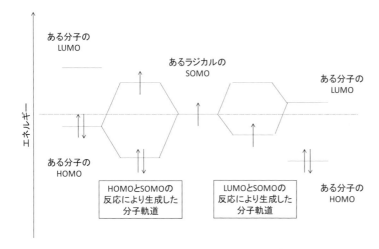

図 I.3.7　SOMO と LUMO, HOMO との反応

したがって，電子供与基が結合した電子豊富な SOMO は電子不足のモノマーの LUMO を求めることとなり，電子求引性基の結合した電子不足の SOMO は電子豊富なモノマーの HOMO を求めて反応することとなる。e 値はこの電子密度に関する情報を与える数値であり，共重合のおこり方を理解するうえで Q 値とともに重要な数値であることが理解できるであるだろう。

多くのモノマーの Q 値，e 値は各モノマーの物性値として文献に記されているので，これらの情報を活用することができる。

3.8 Alfrey-Price の式と共重合結果の予測

AlfreyとPriceは生長反応の速度定数は共鳴に関するQ値と電子密度に関するe値の関数として以下のように記すことができると仮定した。これをAlfrey-Priceの式という。

$$M_i\cdot + M_j \rightarrow M_j\cdot \quad 速度定数:k_{ij}$$

$$k_{ij} = P_i Q_j \exp(-e_i \cdot e_j) \tag{I.3.5}$$

Pはラジカルの反応性に関する数値であるが，次式では消去できるのでここでは詳細については取り扱わない。3.6で扱った反応性比$r_1 = k_{11}/k_{12}$, $r_2 = k_{22}/k_{21}$に式(I.3.5)を適応すると，式(I.3.6)および式(I.3.7)となる。

$$r_1 = \frac{Q_1}{Q_2}\exp\{-e_1(e_1 - e_2)\} \tag{I.3.6}$$

$$r_2 = \frac{Q_2}{Q_1}\exp\{-e_2(e_2 - e_1)\} \tag{I.3.7}$$

この式を用い，Q値およびe値から反応性比を算出しどのような共重合体が得られるのかが推測できる。また，Q値，e値が知られていないモノマーについては，スチレンと共重合を行い，r_1およびr_2を求めることによりQ値およびe値を算出することができる（r_1およびr_2の求め方については次節で解説する）。

いくつかのモノマーのQ値およびe値を表I.3.2に示すとともに，これを用いて共重合結果の推測を例示してみようと思う（はじめて見るモノマーについては覚えるように努めてもらいたい）。

この数値を使って酢酸ビニル（M_1とする）と無水マレイン酸（M_2とする）の共重合について考察してみたい。この数値を式(I.3.6)と(I.3.7)

表I.3.2 各モノマーのQ値，e値

モノマー	Q値	e値	モノマー	Q値	e値
$CH_2=CHPh$ （スチレン）	1.00	-0.80	$CH_2=CH_2$ （エチレン）	0.015	-0.20
$CH_2=CHCl$ （塩化ビニル）	0.044	0.20	$CH_2=CHCN$ （アクリロニトリル）	0.60	1.20
$CH_2=CHOAc$ （酢酸ビニル）	0.026	-0.22	$CH_2=C(CH_3)CO_2CH_3$ （メタクリル酸メチル）	0.74	0.40
$CH_2=CHCH=CH_2$ （ブタジエン）	2.39	-1.05	$CH_2=CHCONH_2$ （アクリルアミド）	1.18	1.30
$CH_2=CHOBu\text{-}i$ （イソブチルビニルエーテル）	0.002	-1.77	（無水マレイン酸）	0.23	2.35

に代入すると $r_1 = 0.064$, $r_2 = 0.021$ となる。両方の値はかなりゼロに近く，お互いのモノマーは常に異なるモノマーを選択しながら重合していくこととなるため交互共重合体を与えることとなる。したがって，図 I.3.6 における直線 c のような結果を与えると推測される。

3.9　反応性比の推測

Q 値，e 値がわからない場合，実験的に反応性比を求める必要がある。また，未知のモノマーの Q 値，e 値を求める場合にもスチレンとの間の反応性比を求める必要が出てくる。この節では，どのように Q 値，e 値を求めるかを解説する。

ここでも生長反応における反応速度式を用いる。この際，M_1（図 I.3.5 ①と③）および M_2（図 I.3.5 ②と④）の濃度変化に注目すると反応速度式は以下のとおりとなる。

$$\frac{-d[M_1]}{dt} = k_{11}[M_1\cdot][M_1] + k_{21}[M_2\cdot][M_1] \tag{I.3.8}$$

$$\frac{-d[M_2]}{dt} = k_{12}[M_1\cdot][M_2] + k_{22}[M_2\cdot][M_2] \tag{I.3.9}$$

ここでも，先の反応速度式と同様にラジカル濃度を取り扱うことは困難なので，定常状態近似（ラジカル濃度は一定）を用いる。$[M_1\cdot]$ と $[M_2\cdot]$ が一定となるためには，異なるモノマーと反応しラジカル末端が変化する反応速度が等しくなくてはならない。すなわち，式 (I.3.10) となる。

$$k_{12}[M_1\cdot][M_2] = k_{21}[M_2\cdot][M_1] \tag{I.3.10}$$

式 (I.3.8) と式 (I.3.9) の比をとると

$$\frac{d[M_1]}{d[M_2]} = \frac{k_{11}[M_1\cdot][M_1] + k_{21}[M_2\cdot][M_1]}{k_{12}[M_1\cdot][M_2] + k_{22}[M_2\cdot][M_2]} \tag{I.3.11}$$

となる。この式の分母と分子をそれぞれ $[M_1\cdot]$ でわると

$$\frac{d[M_1]}{d[M_2]} = \frac{k_{11}[M_1] + \dfrac{k_{21}[M_2\cdot][M_1]}{[M_1\cdot]}}{k_{12}[M_2] + \dfrac{k_{22}[M_2\cdot][M_2]}{[M_1\cdot]}} \tag{I.3.11'}$$

となり，これに式 (I.3.10) から導いた $[M_2\cdot]/[M_1\cdot] = k_{12}[M_2]/k_{21}[M_1]$ を代入すると

$$\frac{d[M_1]}{d[M_2]} = \frac{k_{11}[M_1] + k_{12}[M_2]}{k_{12}[M_2] + \dfrac{k_{22}k_{12}[M_2]^2}{k_{21}[M_1]}} \tag{I.3.12}$$

となり，これをさらに変形させると

$$\frac{d[M_1]}{d[M_2]} = \frac{[M_1](\frac{k_{11}[M_1]}{k_{12}} + [M_2])}{[M_2]([M_1] + \frac{k_{22}[M_2]}{k_{21}})} \tag{I.3.13}$$

となり，式 (I.3.13) に反応性比の定義を当てはめると

$$\frac{d[M_1]}{d[M_2]} = \frac{[M_1](r_1[M_1] + [M_2])}{[M_2]([M_1] + r_2[M_2])} \tag{I.3.14}$$

となる。この式は Mayo-Lewis 式と呼ばれる。この式において r_2 が r_1 の関数となるように変形すると

$$r_2 = \frac{[M_1]}{[M_2]}\left\{\frac{d[M_2]}{d[M_1]}\left(\frac{[M_1]}{[M_2]}r_1 + 1\right) - 1\right\} \tag{I.3.15}$$

つまり，r_2 は r_1 の一次関数（直線の式）として表される。この式において [M_1]/ [M_2] は仕込み比，d[M_2]/ d[M_1] は変換されたモノマーの比，つまり重合初期におけるコポリマー中の各成分比ということになる。

したがって，ある仕込み比で重合を行い，重合初期におけるコポリマー中の各成分比を NMR 等の分析機器を用いて調べると，{d[M_2]/ d[M_1]} は既知数となり，傾きと切片を導くことができ，1 つの実験につき 1 本の直線を引くことができる。これを，仕込み比を変え数回行うと図 I.3.8 のようになる。直線の交点（平均値）は各重合において共通の値ということとなり，これがその系における反応性比ということになる。

式 (I.3.15) を変形させ，その直線の傾きと切片から r_1 と r_2 を求める Fineman-Ross 法という方法もある。

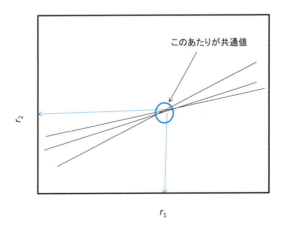

図 I.3.8　反応性比の求め方

章末問題

問 I.3.1 ラジカルの発生法において一般に用いられる開始剤の種類は 3 種類に大別される。この 3 種類を示すとともにその一例とこれを用いたラジカルの発生機構を記しなさい。

問 I.3.2 ラジカルが引き起こす 4 種類の基本反応をポリエチレンの重合末端を例として記しなさい。重合末端の構造としては「〜$CH_2CH_2CH_2\cdot$」を用いなさい。

問 I.3.3 2 種類のモノマーを共重合させる際の反応性比の定義式を示し、その意味を述べなさい。この際、2 種類のモノマーを M_1, M_2 とし反応式を模式的に記し説明するとよい。

問 I.3.4 Alfrey-Price の Q–e 値とはどのようなものかを簡単に説明しなさい。

問 I.3.5 表 I.3.2 から 2 種類のモノマーの組合せを選択し、Alfrey-Price の式から両モノマーを共重合させた際の反応性比を算出し、どのような共重合曲線を描くかを示し、どのように共重合するかを簡単に記しなさい。

問 I.3.6 式 (I.3.14) から式 (I.3.15) を導出するとともに、この式をどのように用いるかを解説しなさい。

4 イオン重合

この章での学習目標
① カチオン重合，アニオン重合の開始と生長反応が説明できる。
② イオン重合における副反応について説明できる。
③ モノマーの構造とイオン重合の関係が説明できる。
④ イオンの重合の開始剤について説明できる
⑤ リビングアニオン重合について説明できる。

4.1　カチオン重合とアニオン重合

　ラジカル重合は，ラジカルがビニル基に付加することにより重合が進行した。有機化学的にはカチオンやアニオンもビニル基に付加することができる。カチオンがビニル基に付加し重合が進行する重合反応を**カチオン重合**（cationic polymerization）といい，アニオンで重合が進行する重合反応を**アニオン重合**（anionic polymerization）という。どちらの活性種が付加しやすいかはどのような置換基がビニル基に結合しているかによる。モノマーの構造と各イオン重合との関係については，4.3で述べることとする。

　カチオン重合はカチオン（M^+）がビニル基に付加することにより進行する。この反応において最初の付加反応のことを開始反応といい，2番目以降の付加反応を生長反応という（反応式 I.4.1(a)）。この事についてはアニオン（A^-）についても同様である（反応式 I.4.1(b)）。両重合においてこの生長反応が繰り返し起こることによりポリマー鎖が伸長する。

　ここでイオン重合ではラジカル重合と異なり**重合末端に対イオン**（counter ion）が存在することに注目しておいてもらいたい。特にカチオン重合では，この対イオンが重合に大きく影響を与える。この事については，4.2，4.4で解説するので頭の片隅に置いておいてもらいたい。また，対イオンが接触している状態だと重合末端の重合速度は遅くなり，対イオンが離れフリーの状態になると重合速度は速くなりより高分子量のポリマーを与える。イオン重合は有機溶媒中での溶液重合が主流であ

り，重合末端をフリーの状態にするために極性溶媒が用いられる。

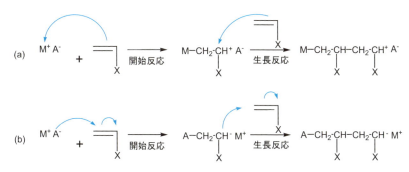

反応式 I.4.1　カチオン重合（a）とアニオン重合（b）の開始反応と生長反応

4.2　イオン重合における副反応

　イオン重合において生長反応の妨げとなる副反応は**対イオンの結合による停止反応，脱離反応による連鎖移動反応，他の分子による連鎖移動反応**である。イオン重合では，活性種同士が反応する 2 分子停止は起こらない。これらの副反応について順にみていきたい。

① 対イオンの結合による停止反応

　4.1 で述べたようにイオンには対イオンが存在する（図 I.4.1 を参照のこと）。この対イオンが強く結合するような場合，活性種の消失につながり重合反応が停止してしまうこととなり重合の妨げとなる。

　例えば，カチオン重合において塩化水素を開始剤として用いた場合，重合を開始する開始種（反応式 I.4.1(a) における M^+）は H^+，対イオン（反応式 I.4.1(a) における A^-）は Cl^- ということになる。この場合，カルボカチオンの対イオンとなる塩化物イオンはカルボカチオンに対して強い求核性を有し，強く結合し容易には再びイオン化することはない。すなわち，カルボカチオンに対して強い求核性を持つような対アニオンの存在はカチオンの消失につながり，停止反応の原因となるため求核性のかなり低い対イオンを選択する必要がある。

　これに対し，アニオン重合における対イオンはカチオンである。開始剤に含まれる対カチオン（反応式 I.4.1(b) における M^+）はナトリウム，リチウムなどの金属イオンが一般的である。この場合，カルボアニオンに対して求電子攻撃することはなく，カチオン重合のように対イオンの結合による停止反応はあまり問題とならない。

　これらの事項については開始剤の選択と大きく係わりがあるので，4.4

のイオン重合開始剤の解説と合わせてみてもらいたい。

② 脱離反応による連鎖移動反応

カチオン重合の生長末端はとても不安定であり，反応式 I.4.2 に示したようなプロトン（H^+）脱離が起きやすい。脱離したプロトンが重合を再開始する場合，この反応がカチオン重合における連鎖移動反応となる。これは，カルボカチオンよりもプロトンの方が安定であることに起因する。したがって，カチオン重合ではこのプロトン脱離が連鎖移動反応として起こりやすく，高温ではこの反応が顕著となるため脱離反応をおさえるため低温で重合を行う必要がある。

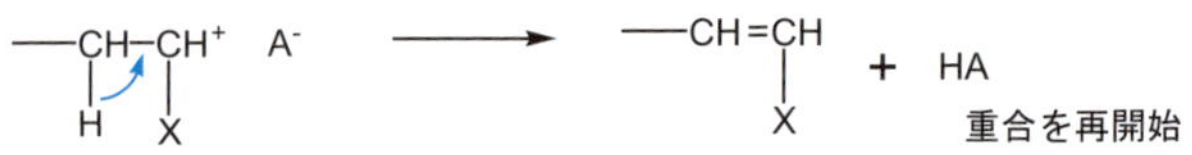

反応式 I.4.2　カチオン重合におけるプロトンの脱離反応

アニオン重合において，これに相当する反応はヒドリド（H^-）脱離である。ヒドリドは不安定な化学種であるため，このような脱離反応はアニオン重合では起こりにくく，アニオン重合ではこのような連鎖移動反応はあまり問題とならない。

③ 他の分子による連鎖移動反応

活性末端を攻撃するような物質が系に存在した場合，この物質が結合し生長が停止する。その結果，生成したポリマー鎖以外の物質が重合を再開始すれば連鎖移動となる。重合を再開始できない場合には，重合は停止する。水による連鎖移動反応を反応式 I.4.3 に示す。

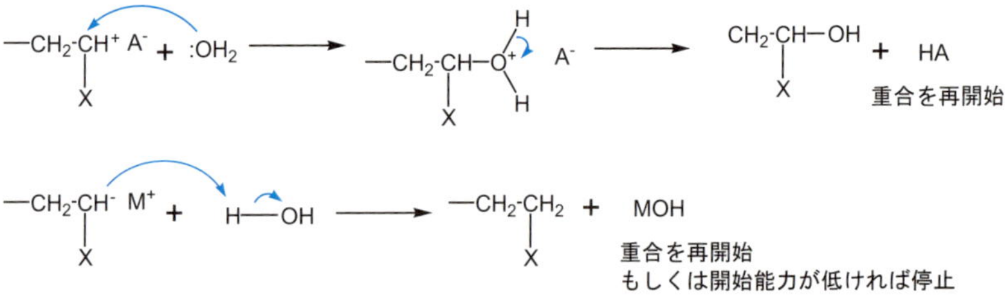

反応式 I.4.3　イオン重合における水への連鎖移動反応

開始剤についてはのちに解説するが，アニオン重合についてはモノマーの重合しやすさにかなり差があり，強い開始剤を用いなければなら

ないものも多い。したがって，水酸化物イオン（OH⁻）では重合を再開始できないものも多く，少量の水の存在がかなり問題となる場合もある。

4.3 モノマーの構造とイオン重合との関係

重合反応にかかわらず有機化合物がイオンで反応するために，活性種の安定化は重要である。すなわち，アニオン重合においてはカルボアニオン，カチオン重合においてはカルボカチオンが安定化される必要がある。この安定化効果としては**共鳴効果**（resonance effect），**誘起効果**（inductive effect）の2つが重要である（図 I.4.1）。

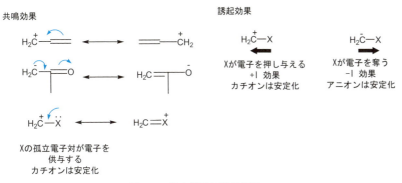

図 I.4.1　共鳴効果と誘起効果

両効果について簡単に解説すると共鳴効果は，π電子または孤立電子対の移動を通して不安定な電荷を非局在化させる効果であり，誘起効果はσ結合を介して電荷を緩和する効果である。ここで，3.7で学んだ Q–e 値を思い出してもらいたい。Q–e 値はビニル基に結合している置換基の効果の程度を数値化したものである。Q 値はπ電子による共鳴効果に関する値であり，e 値はビニル基の電子密度に関する値であり，この電子密度は置換基の誘起効果および非共有電子対による共鳴効果に起因する。すなわち，e 値は置換基の誘起効果および非共有電子対の共鳴の程度を表す値である。

π電子による共鳴効果はカルボカチオン，カルボアニオンの両方を安定化する。すなわち，Q 値の値が少なくとも 0.2 以上（共役モノマー）必要であり，この値が大きければ大きいほど安定化効果は大きい。

誘起効果には電子を押し与える効果（+I 効果）と電子を奪う効果（−I 効果）の2種類がある。また，非共有電子対による共鳴効果は電子を押し与える効果として働く。カチオンは電子が不足した活性種であるため，

+I 効果もしくは非共有電子対の共鳴により電子が押し与えられることにより安定化する。この効果が働くことで e 値は負となる。したがって，e 値が負のモノマーではカチオン重合が進行しやすい。

逆にアニオンは電子が多すぎる活性種であるため電子を奪う誘起効果（−I 効果）により安定化する。e 値が正のモノマーの置換基はこの −I 効果を有することとなり，アニオンを安定化する。したがって，e 値が正のモノマーについてはアニオン重合が進行しやすい。

4.2 において各イオン重合の副反応について解説した。カチオン重合では，脱離反応が起こりやすく，これを抑えるためにはカチオンを安定化することが必要となる。カチオンの安定化については電子供与が最も有効であるため，モノマーの e 値が負であることが必須となり，この値が大きいほどカチオン重合しやすい。アニオン重合では，脱離反応は起こりにくいため，アニオン重合において e 値は必ずしも正の値でなくてもよい。しかし，まったく安定化が不要というわけではなく，何かしらの安定化効果が必要となり，アニオン重合において効果的な誘起効果が受けられない場合には，共鳴効果を受けることが最低限必要となる。

アニオン重合，カチオン重合法ともに共鳴効果，有効な誘起効果の両方の効果を受けられた方がモノマーの重合性が高まることについては言うまでもない。各重合法と $Q-e$ 値との関係を表 I.4.1 にまとめる。カチオン重合に適したモノマーとしては e 値が負であることが必須であるが，アニオン重合においてはこの限りではないので，アニオン重合に適応できるモノマーの種類はカチオン重合よりも多い。したがって，反応性においてもかなり広範囲にまたがるため開始剤の選択には注意が必要となる。これについては次の 4.4 で述べる。

表 I.4.1　イオン重合と $Q-e$ 値との関係

Q 値	e 値	重合法
0.2 以上	正	アニオン重合
0.2 未満	正	アニオン重合
0.2 以上	負	カチオン重合，アニオン重合
0.2 未満	負	カチオン重合

4.4　イオン重合開始剤

この節では，カチオン重合，アニオン重合に分けて開始剤について解説する。

カチオン重合の開始剤は**プロトン（H$^+$）**もしくは**カルボカチオン**が直

接重合を開始する開始剤として用いられ（図 I.4.2），強酸性のプロトン酸が取り扱いも容易であり，多用される。プロトン酸としては酸性度が高くなるほど開始能力は高くなるが，4.2 ①で述べたように対イオンの求核性が高い酸では，対イオンの結合が重合の妨げとなるので注意を要する（酸性度と求核性は必ずしも比例関係にはない）。

H_2SO_4, $HClO_4$, CF_3SO_3H など　　　$Ph_3C^+SbF_6^-$, $RCO^+BF_4^-$ など
　　　　　プロトン酸　　　　　　　　　　　　　カルボカチオン

図 4.2　カチオン重合の直接開始剤の一例

これらの他，カチオン重合ではルイス酸（BF_3, $TiCl_4$, $AlCl_3$, $FeCl_3$ など）を間接開始剤として用いる場合もある。これは水（添加せずとも系内に存在する微量の水でも可）もしくは有機ハロゲン化物を重合系に添加しておき，ここへルイス酸を加えることによって系内でプロトンやカルボカチオンを発生させるものである（反応式 I.4.4）。

$$H_2O + BF_3 \longrightarrow H^+[BF_3(OH)]^-$$

$$(CH_3)_3CCl + BF_3 \longrightarrow (CH_3)_3C^+[BF_3Cl]^-$$

反応式 I.4.4　ルイス酸を間接開始剤として用いる例

4.3 で述べたように「Q 値のみが条件に適応するモノマーから Q 値，e 値ともに条件に適応するモノマーまで」とアニオン重合で重合できるモノマーの適応範囲は広い。多くの条件を好条件で満たすモノマーほど反応性は高く，満たす条件が少ないほど反応性は低くなる。すなわち，反応性の高いモノマーは弱い開始剤であっても簡単にアニオン重合し，反応性の低いモノマーは強い開始剤を用いないとアニオン重合しない。鶴田らは**モノマーの反応性と開始剤の能力の関係**を表 I.4.2 のようにまとめた。

表 I.4.2　アニオン重合におけるモノマーおよび開始剤の反応性

開始剤グループ	開始剤	モノマーグループ	モノマー
a	K, Na などのアルカリ金属 RLi, RNa などのアルキルアルカリ金属	A	$CH_2=CHPh$, $CH_2=CHCH=CH_2$
b	RMgX など有機マグネシウム試薬	B	$CH_2=CRCO_2CH_3$ (R=H, CH_3)
c	ROK, RONa などのアルコキシド類（ただし，t-BuOK はグループ b）	C	$CH_2=CRCN$ (R=H, CH_3)
d	R_3N, H_2O, R_2O	D	$CH_2=C(CO_2CH_3)_2$, $CH_2=C(CN)_2$, $CH_2=C(CN)CO_2CH_3$, $CH_2=CHNO_2$

開始剤においてはaが最も開始能力が高く，dが最も開始能力が低い開始剤グループである。一方モノマーとしてはAが最も反応性が低く，Dが最も反応性が高いモノマーグループである。この表は，モノマー側から見ると左隣り以上の開始剤グループの開始剤を用いなければいけないことを示している。例えば，グループCのモノマーを重合させることができる開始剤はaからcグループの開始剤ということになる。

Dグループのモノマーであるα-シアノメタクリル酸メチルは，水を開始剤に反応することができるモノマーである。このアニオン重合を応用したのが瞬間接着剤である。瞬間接着剤は液状のモノマーが空気中の水分でアニオン重合を開始，高分子量化することにより硬化するものである（反応式I.4.5）。したがって，開栓後は水分を極力遮断し低温で保存するとよいということになる。

反応式 I.4.5　瞬間接着剤の仕組み

4.5　リビングアニオン重合

4.2で示したようにアニオン重合はカチオン重合やラジカル重合と比べて成長を阻害するような副反応は少なく，低温で溶液重合を行うことにより制御できるものがほとんどである。アニオン重合において最も問題となる副反応が水との反応である。前節で示したように反応性の高いモノマーは水に連鎖移動することにより，水酸化物イオンを与えるがスチレンなどはこのアニオンでは重合を再開始できず，停止してしまう。水は大気中，試薬中，ガラス器具の表面に存在し，アニオン重合を円滑に行うためには厳密に水を除去する必要がある。

すなわち，水を厳密に系から除去し，低温で溶液重合を行うことでアニオン重合は全く副反応を起こさない重合となり，モノマーの消費が終わっても生長末端はアニオンのままとどまることとなる。アメリカの化学者Szwarcが，スチレンの重合反応においてこのことを実証した。このような重合を生長末端がずっと活性なまま生きているということで**リビング重合**（living polymerization）と呼ぶ。この方法を応用し，異なるモノマーを段階的に重合させることでブロック共重合体を得ることも可

能となる。

リビング重合の詳細については第I編 7 にて述べる。

章末問題

問 I.4.1 どのようなモノマーがカチオン重合の対象となり，どのようなモノマーがアニオン重合の対象となるかを Q–e 値をもとに簡単に説明しなさい。

問 I.4.2 表 I.3.2（p.24）に記したモノマーすべてについて，どのイオン重合が適応できるかを述べなさい。

問 I.4.3 カチオン重合で生長反応の妨げとなる反応を模式的に記して簡単な解説を加えなさい。

問 I.4.4 アニオン重合は，カチオン重合よりも生長の妨げとなる副反応を制御しやすい重合法である。カチオン重合と比較しながらこの事について述べなさい。また，この副反応をすべて抑制した重合法を何というか答えなさい。

問 I.4.5 瞬間接着剤が硬化する仕組みを化学式と文章で記しなさい。説明にはモノマーの反応性について（他のモノマーの Q–e 値から推測），開始剤，保存方法についてを含めなさい。

5 開環重合

この章での学習目標
① 開環重合は連鎖重合と逐次重合に大別されることが理解できる。
② 開環重合の特徴が説明できる。
③ 開環重合のモノマーについて環サイズ,構造との関係が理解できる。
④ アニオン開環重合とカチオン開環重合について説明できる。

5.1 開環重合とは

開環重合とは,環状のモノマーが開環し,その結果ポリマーが得られる重合法のことをいう。つまり,開環重合とはラジカル重合などの活性種をもとに表現するものではなく,モノマーの構造に起因する表現法である。

開環重合は,連鎖重合と逐次重合に大別される。エポキシドを例に説明すると,単官能性のエポキシド化合物が連鎖的に開環する重合法が**連鎖重合**である。連鎖開環重合は,どのような活性種を用いるかによりカチオン開環重合,アニオン開環重合,配位開環重合,メタセシス開環重合(第Ⅰ編 6 で解説)に分けられる(開環重合においてラジカル重合は一般的ではない)。これに対して2官能性のエポキシド化合物が開環しながら異なる2官能性モノマーと逐次的に重合する重合法が**逐次重合**である(反応式Ⅰ.5.1)。この章では連鎖開環重合について解説し,逐次開環重合については第Ⅰ編 9 にて述べる。

反応式 I.5.1　エポキシドの開環重合

5.2　開環重合の特徴

ビニルモノマーの重合では，分子間距離（ファンデルワールス距離）が共有結合距離に変化しながら重合するため体積収縮が著しい（スチレンでは 15% 程度），接着剤や封止剤などにおいてはこの**体積収縮**（volumetric shrinkage）が問題となる。重合による収縮率はモノマーの分子量の逆数との間には比例関係が成り立つことが知られている。つまり，モノマーの分子量が大きくなると体積収縮率は小さくなる（図 I.5.1）。

ビニルモノマーと単環の環状モノマーにおいて，この収縮率を比較すると，この直線の傾きはおおよそ 1/2 となる。つまり，重合による環状モノマーの体積収縮率はビニルモノマーのおおよそ半分ということになる。すなわち，この収縮率が小さい理由としては環状モノマー自身がコンパクトなためと考えられている。

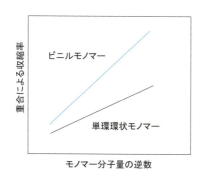

図 I.5.1　モノマーの分子量と重合における収縮率との関係

ビニルモノマーの重合では，重合する骨格がビニル基のみであるため，得られるポリマーの主鎖の骨格は飽和状の炭素鎖のみに限定されること

となる。これに対して，環状モノマーでは環サイズや環に含む酸素原子，窒素原子などのヘテロ原子などを主鎖に組み込むことができるようになり，逐次重合モノマーほどではないが**多様な主鎖の高分子合成が可能**となる。ポリ乳酸やポリグリコール酸などの近年注目されている環境対応型の生分解性高分子の多くがこの重合法によって得られている。

5.3 開環重合性モノマー

ビニルモノマーでは，弱い結合であるπ結合が切断され，分子間のσ結合にかわることにより重合が進行する。開環重合においても結合の切断が新たな分子間の結合を形成するために必要となる。したがって，炭素鎖のみからなるシクロペンタン環などは開環重合のモノマーとしては向かない（ただし，環状アルケンは第Ⅰ編 ❻ で解説するメタセシス反応によって C=C を切断できるためこの限りではない）。これに対し，**環状エーテル**，**環状エステル（ラクトン）**，**環状アミド（ラクタム）** などは，エーテル結合，エステル結合，アミド結合は活性化が容易であり炭素‐炭素単結合と比べ切断しやすいためモノマーとして適している（図 I.5.2；ここでは5員環にて例示してあるが環サイズについては次に解説する）。

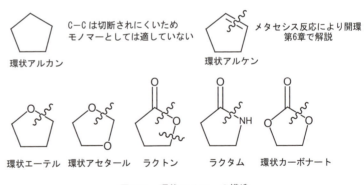

図 I.5.2 環状モノマーの構造

環サイズも環状モノマーとして適しているかどうかに大きくかかわってくる。すなわち，6員環のように安定な環サイズは開環重合に不利に働き，3員環のように環ひずみの大きな環は開環重合に有利に働く。ここで環サイズとの関係を見てみたい。表 I.5.1 に環状アルカンの開環重合時の熱力学パラメータを示す（表 I.5.1）。**ギブズ自由エネルギー変化（ΔG）** は，**エンタルピー変化（ΔH）** および**エントロピー変化（ΔS）** から式（I.5.1）により 25 ℃の時を想定して算出した値である。

$$\Delta G = \Delta H - T\Delta S \tag{I.5.1}$$

表 I.5.1　25 ℃におけるシクロアルカンの開環重合時の熱力学的パラメータ

環員数	ΔH／kJ/mol	ΔS／J/mol	ΔG／kJ/mol
3	−113.0	−69.1	−92.4
4	−105.1	−55.3	−88.6
5	−21.2	−42.7	−8.5
6	2.9	−10.5	6.0
7	−21.8	−15.9	−17.1
8	−34.8	−3.3	−33.8

それぞれの値について簡単に解説する。エンタルピー差は反応熱に関する数値であり，マイナスは発熱を示し，プラスは吸熱を意味する。表に示した環員数では3員環の開環が最も発熱的に進行することを示している。また，6員環のみが開環時に吸熱反応となっており，外界からエネルギーを与えなければならないことを示している。

また，エントロピー差は反応による分子運動の自由度の変化を示している。環員数が小さいほど自由度の変化は顕著であるが，環員数が増してくることで自由度の変化が小さくなっていくことを表の数値は示している。

反応の進行を見極めるのに役立つのがギブズの自由エネルギーである。このギブズの自由エネルギー差が負に大きな数値を示すほど，反応は自発的に良く進行し，正の値を示す系では反応は自発的に進行しない。このことから，3員環の開環重合が最も自発的に進行し，6員環の開環重合は自発的に進行しないこととなる。しかし，この値はシクロアルカンに対してのものであり，6員環モノマーの重合が進行しないということを必ずしも示すわけではなく，環員数の違いにより開環重合のおこり易さがどのように変化するかを示すデータであることに注意してもらいたい。

5.4　カチオン開環重合

カチオン開環重合に用いられるモノマーは酸素原子などの非共有電子対を持つヘテロ原子を環内に含んだモノマーである。これは，カチオン種がヘテロ原子の孤立電子対に結合し，隣接炭素との結合を活性化するためである。すなわち，図 I.5.2 の下段に示した骨格のモノマーすべてにおいてカチオン重合が可能ということになる。

カチオン重合と同様にプロトン，カルボカチオンを発生させる試薬が直接開始剤として用いられ，ルイス酸は間接開始剤として用いられる。

カチオン開環重合の一例として，テトラヒドロフラン（THF）の開環重合機構を示す。

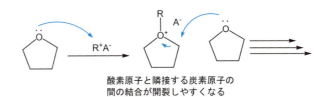

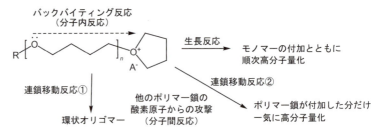

反応式 I.5.2　テトラヒドロフランのカチオン開環重合機構

開始剤のカチオン（プロトンもしくはカルボカチオン）が THF の酸素原子と結合する。これにより，この酸素原子とそれに隣接する炭素原子との間の結合が開裂（活性化）しやすくなる。ここへ，もう1分子のTHFが付加することにより，開環する。この1段階目の反応が開始反応であり，それ以降の反応が生長反応ということになる。

このカチオン開環重合においての副反応は脱離反応を除いて（生長末端はカルボカチオンではないためプロトンの脱離による脱離反応は起こらない），ビニルモノマーの場合と同様である。はじめに問題となる反応は対アニオンの付加である。このため，カチオン重合の場合と同様に塩化水素など求核性の高い対イオンを有する開始剤は重合反応を停止させることとなり不適となる。また，連鎖移動反応は主にポリマー分子内（点線矢印），分子間（実線矢印）で起こり，これにより分子量分布は広くなる。分子内で起こる連鎖移動反応を**バックバイティング**(back-biting)（末端からの攻撃の場合のみエンドバイティング：end-biting）といい，これにより環状オリゴマーが生成する。

その他のモノマーについても若干異なる点はあるもののほぼ同様に捉えてもらいたい。

5.5 アニオン開環重合

アニオン開環重合に用いられるモノマーは環状エーテルとしてはエポキシドのみであり，エステル結合，アミド結合を有するポリマーが主である。一般的にエーテル結合は塩基性条件下で開裂しにくく，高い環歪みを持つエポキシドのみが塩基性条件で開環する。また，エステル結合やアミド結合は求核攻撃を受けやすく，これにより開裂しやすい。これらが上記の理由である。

開始剤としては，アルカリ金属，金属アルコキシド，有機金属化合物などが用いられる。

以下に，アニオン開環重合の一例として開始剤としてアルコキシドを用いた場合のβ-プロピオラクトンの開環重合を示す（反応式 I.5.3）。

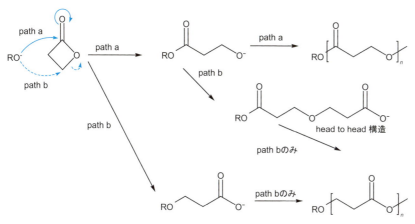

反応式 I.5.3　β-プロピオラクトンのアニオン開環重合機構

開始剤のアルコキシドはカルボニル炭素（path a）もしくは酸素と結合した炭素（path b）を攻撃する。path a で反応が進行した場合，生長末端はアルコキシドとなり，path b で反応が進行した場合，生長末端はカルボキシラートとなる。生長末端がアルコキシドの場合，反応は再び path a もしくは path b で進行する。これに対して，生長末端がカルボキシラートの場合，path b でのみ反応が進行する。反応が進むにつれカルボキシラートイオンの生長末端が増え，次第に path b での重合反応が優先してくる。このようにβ-プロピオラクトンのアニオン開環重合では，2個所での開環が起こるため，得られてくるポリマーの構造には head to head タイプの構造と head to tail の構造が混在したポリマーが得られる。head to tail 構造とはモノマーの向きがそろって重合した構造の

ことを示し，head to head 構造とはモノマーが互いに頭を突き合わせたような形で結合した構造のことを示す用語である。開環がpath a タイプ，path b タイプのいずれかで進行するかは環サイズによって決まり，7員環のε-カプロラクトンでは，path a タイプの攻撃のみにて重合は進行する。

また，ラクタムの場合には，はじめに塩基（アニオン）が酸性度の比較的高いラクタムのN-Hからプロトンを引き抜き，ラクタムアニオンが生成する。このアニオンが，別のラクタムのカルボニル部位を攻撃し（反応式 I.5.3　path a タイプ），プロトンが引き抜かれた窒素原子がアシル化される。アシル化されたラクタムは開環しやすくなる。すなわち，この活性化されたラクタムに順次，ラクタムアニオンが付加していくことで開環重合が進行していく。ラクタムの開環によって得られるポリアミドは，工業的に重要であり，7員環のε-カプロラクタムが開環重合したポリアミドは，6-ナイロンとして知られている。6はアミド結合間に含まれる炭素数を意味しており，ナイロンとはポリアミドの商標名であるが，ポリアミドの総称として定着しているので覚えておいてもらいたい。

■ 章末問題

問 I.5.1　連鎖タイプの開環重合とビニルモノマーの重合を表にまとめ対比し，そのうえで簡単に解説しなさい。表作成に当たっては，重合における体積収縮率，主鎖の構造の多様性，重合形式を比較項目としなさい。

問 I.5.2　どのようなモノマーが開環重合のモノマーとして適応可能かを簡単に解説しなさい。解説には，環サイズならびに開裂しやすい構造に関する記述を含めること。

問 I.5.3　オキセタンの硫酸によるカチオン開環重合を例に用いて，開始反応，生長反応，連鎖移動反応を説明しなさい。

問 I.5.4　ε-カプロラクタムを水素化ナトリウムでアニオン開環重合した際の重合機構を示しなさい。

6 配位重合

> **この章での学習目標**
> ① ポリマーの立体規則性について説明できる。
> ② Ziegler-Natta 触媒を用いた重合反応について説明できる。
> ③ Ziegler-Natta 触媒を用いて得られるポリマーの特徴について説明できる。
> ④ メタセシス重合反応について説明できる。

6.1 配位重合とは

これまで見てきたように，ビニルモノマー類には置換基の構造に応じて最適な重合法が存在する。しかし，最も単純な構造のオレフィンであるエチレンやプロピレンの重合は，どうだろうか。かつてエチレンの重合は高温高圧下ラジカル重合により試みられたが，分枝が多いポリエチレン (LDPE) のみが得られ，高分子量の分枝が少ないポリエチレン (HDPE) は得られてこなかった。また，ポリプロピレンに関しては，高分子量体の合成そのものが困難とされてきた。しかし，1950 年代に入り，遷移金属化合物を用いることによって，常温常圧条件下で単純オレフィン類の高重合体を形成する方法が開発された。

ドイツの Ziegler は共に液体の Et_3Al と $TiCl_4$ を非極性溶媒中で混合させると，黒色沈殿が生じ，ここにエチレンを吹き込むことで HDPE が得られることを見出した。一方，イタリアの Natta は Et_3Al と $TiCl_3$ を用いた場合にも同様の沈殿が生じ，ここにプロピレンを吹き込むことでポリプロピレンができることを報告した。Ziegler が用いた $TiCl_4$ も反応系中で還元されて $TiCl_3$ となっていることから，Ziegler と Natta が発見したこの触媒は実質的に同じ機構で働いており，**Ziegler–Natta 触媒**と呼ばれている。Ziegler-Natta 触媒では，遷移金属である Ti(III) の空いた d 軌道にオレフィン類の二重結合が配位することにより重合が開始する。このような遷移金属触媒を用いた重合法を**配位重合**と呼ぶ。Ziegler および Natta はこの発見および進展により，ノーベル化学賞を受賞している。

Ziegler-Natta 触媒のように生成した沈殿物を利用し二相反応系となる触媒を不均一系触媒と呼び，ドイツの Kaminsky が 1980 年に開発した有機溶媒可溶性のメタロセンを用いた一相反応系となる触媒を均一系触媒と呼ぶ。不均一系触媒では反応活性点が複数あるためマルチサイト触媒となり，分子量分布が若干広くなる一方，多くの均一系触媒では活性反応点が 1 つに限定されたシングルサイト触媒となり，分子量分布が狭い高分子を得ることが可能である。

6.2　高分子の立体規則性

　高分子の重合反応は，モノマー分子同士が化学結合の形成を繰り返すことによって起きている。5.5 の環状モノマーの場合と同様に，ビニルモノマー CH_2=CHX でも head to tail や head to head といった結合形式が知られており，反応活性種が CH_2 側か CHX 側のどちらに反応するかで異なる一次構造をとっている。また，理想的には分岐のないポリエチレンのような場合を除き，多くのポリマーは，モノマー単位中に不斉炭素を含んでいるために立体異性体構造を作っている。立体異性体は，**立体の規則性**（tacticity）によって区別することができる。連続したモノマー 2 単位（二連子：diad）の置換基が同じ側にあるときを *meso*，逆側にあるときを *racemo* というが，ポリマーはこの連子の概念により区別される（図 I.6.1）。

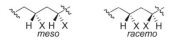

図 I.6.1　ポリマー二連子

　ポリマー中の二連子が全て *meso* 体でできている場合（*mmmm*……），つまりモノマーの立体配置が全て同じである場合はアイソタクチック（isotactic）であるといい，一方，全て *racemo* 体でできている場合（*rrrr*……）つまりモノマーの立体配置が交互になっている場合には，シンジオタクチック（syndiotactic）であるという。さらにポリマー中の二連子が *meso* 体と *racemo* 体が交互に並んでいる場合（*mrmr*……）にはヘテロタクチック，*meso* 体と *racemo* 体の並びがランダムであるものをアタクチック（atactic）という。合成ポリマーの立体構造は反応方法や反応条件によってさまざまに異なり，実際に高分子中にどれだけ *meso* 体と *racemo* 体が含まれているかは，**核磁気共鳴法**（nuclear magnetic resonance）により判別するこ

とができる．規則構造分子と不規則構造分子では，高次構造が異なり高分子物性も異なるため，立体規則性は材料の観点からも非常に重要である．前述のラジカル重合などではアタクチックなポリマーを与えるのに対し，Ziegler-Natta 触媒を用いたプロピレンの重合では，結晶性のアイソタクチックなポリマーを与える傾向があることが知られており，化学反応的にも配位重合は注目されている．また，Kaminsky 触媒は，触媒構造を調整することで，アイソタクチックだけでなく，シンジオタクチックなポリマーを与えることも報告されている．

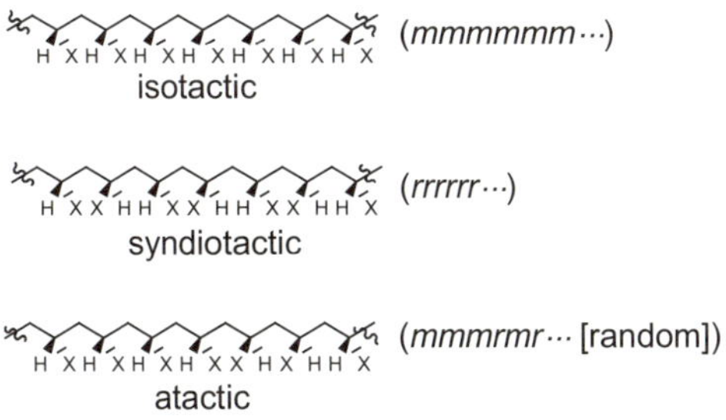

図 I.6.2　様々な立体規則性ポリマー

6.3　オレフィン類の配位重合メカニズム

Ziegler が用いた $TiCl_4$ は，次の反応により Natta が用いた $TiCl_3$ へと変化していることから，Ziegler-Natta 触媒の活性は，実質的に $TiCl_3$ と Et_3Al により成り立っていることがわかる（反応式 I.6.1）．系中の $TiCl_3$ (III) は，6 配位して結晶構造をとっている．この結晶の表面は，一部の配位座，軌道に欠落があり，ここに Et_3Al が配位することで触媒活性を有する錯体を形成している．この Et–Ti 間結合は電子的な偏りが大きく，Ti と結合している炭化水素は若干の負電荷を帯びている（反応式 I.6.2）．

$$TiCl_4 + (C_2H_5)_3Al \longrightarrow C_2H_5TiCl_3 + (C_2H_5)_2AlCl$$

$$C_2H_5TiCl_3 \longrightarrow TiCl_3 + C_2H_5\cdot$$

$$\left(2C_2H_5\cdot \longrightarrow \underset{\text{recombination}}{C_2H_5-C_2H_5\uparrow} \text{ or } \underset{\text{disproportionation}}{H_2C=CH_2\uparrow + H_3C-CH_3\uparrow}\right)$$

反応式 I.6.1　Ziegler 触媒からの $TiCl_3$ 発生法

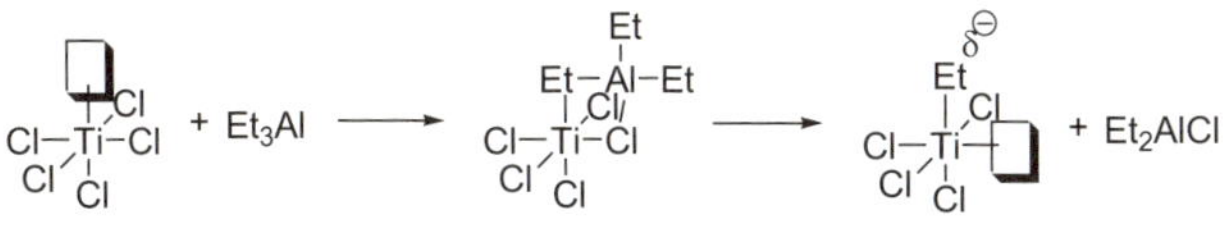

反応式 I.6.2　Ziegler-Natta 触媒活性化反応

では，実際の重合過程を見ていこう。Et が導入された Ti 錯体にプロピレンのようなオレフィン $CH_2=CHX$ を反応させると，オレフィンの二重結合 π 電子が Ti 錯体へ配位を起こす。この配位された Ti は，より電子的に安定化できる側，つまり CH_2 と結合し，4 員環遷移状態を経てシス付加的かつ求核的に Et が -CHX と反応し，オレフィン 1 分子が挿入される。また，この反応と同時に新しい空の配位座が生成されるため，別のオレフィンが再び同様な反応を起こして 2 分子目のオレフィンが挿入され，この機構が繰り返され，重合が進行する（反応式 I.6.3）。このように，Ziegler-Natta 触媒重合は，π 電子配位から始まり，Ti に直接結合した炭化水素アニオンが活性点となることから，配位アニオン重合とも呼ばれている。

反応式 I.6.3　Ziegler-Natta 触媒重合反応機構

ところで，Ziegler-Natta 触媒重合の特徴である立体特異性はどのように生まれるのだろうか？プロキラルな化合物であるプロピレンは，重合過程でメチル基置換炭素がキラルを持つようになり，アイソタクチックな構造ができるようになる。前述の反応機構から，Ziegler-Natta 配位重合ではポリマーは head-to-tail のみで結合し，その反応面は 2 種あることがわかる。しかしながら，面を回転させて考えるとわかるとおり，この 2 面は実は同じ立体構造を持っていることから（図 I.6.3），オレフィンモノマー配位時に一方向に規定され，アイソタクチックなポリマー構

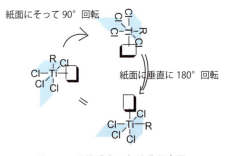

図 I.6.3　配位重合における反応面

造を与えると推定される。実際，プロピレンの配位はメチル基構造とポリマー鎖との立体反発によって，エネルギー的に一方構造をとる傾向があり，アイソタクチック性が非常に高いポリマーが得られている（図 I.6.4）。

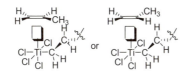

図 I.6.4　反応面へのモノマーの接近

Kaminsky が開発した均一系触媒の代表例として知られるのが，ビスシクロペンタジエニル錯体 Cp_2ZrCl_2 とメチルアルミノオキサン（MAO）からなるメタロセン触媒である（図 I.6.5）。メタロセン触媒では，反応中間体のジルコノセンメチルカチオン錯体が活性種として働き，均一系触媒の特徴である分子量分布が狭いポリマーを生成する。また，ここでは解説しないが Kaminsky 型触媒において配位子の精密設計によりシンジオタクチックポリマーの合成も実現しており，近年ではポリマーの複雑な立体制御も達成されている。

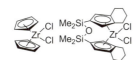

図 I.6.5　代表的なメタロセン触媒

6.4　メタセシス重合

メタセシス反応とは，ある分子間で化学結合が組み変わる反応であり，特にオレフィン間の二重結合を組み替える反応を**オレフィンメタセシス**（olefin metathesis）と言う（反応式 I.6.4）。このオレフィンメタセシスを利用して環状アルケンやアルキンなどから，高分子を作るのが**メタセシス重合**（metathesis polymerization）である。メタセシス反応では，金属カルベンが活性種として働くことが知られている。カルベンとは，2 組の共有電子対と 1 組の非共有電子対の計 6 個の価電子しか持たない炭化水素であり，非常に高い活性を持つ。このカルベンを錯体化したのがカルベン錯体であり，カルベン錯体には，金属カルボニルともよばれる Fischer 型錯体と，今回のメタセシス反応に用いられる Schrock 型錯体

の二種類が知られている（これらの錯体の詳細については有機金属を取り扱う専門書を参照してもらいたい）。

　Schrock 型錯体は，その活性ゆえに官能基選択性が低く，取り扱いも困難であった。しかし，1990 年代初頭に Grubbs が開発した Ru 錯体型触媒はオレフィン選択性が非常に高く，また空気中や水中でも安定な触媒として，メタセシス重合反応が一気に進展することになった（図 I.6.6）。なお，この業績により Grubbs は Schrock や後述の Chauvin と共に 2005 年にノーベル賞を受賞している。いずれの触媒も Ru に結合した PCy_3 配位子が脱離し，そこにオレフィンが配位結合することにより，メタラサイクルを経てオレフィンメタセシスの反応経路にしたがって二重結合交換が起き，結合が組み変わったオレフィンが生成する（反応式 I.6.5）。このメタセシス反応のメカニズムを提唱したのが Chauvin である。

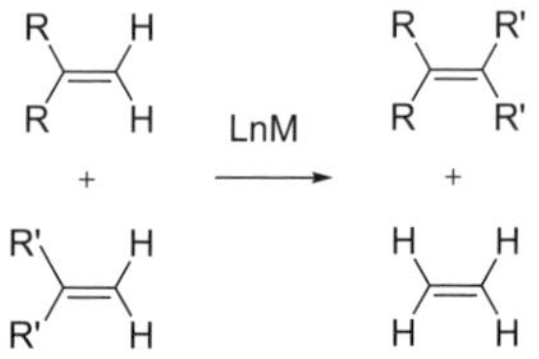

反応式 I.6.4　オレフィンメタセシス

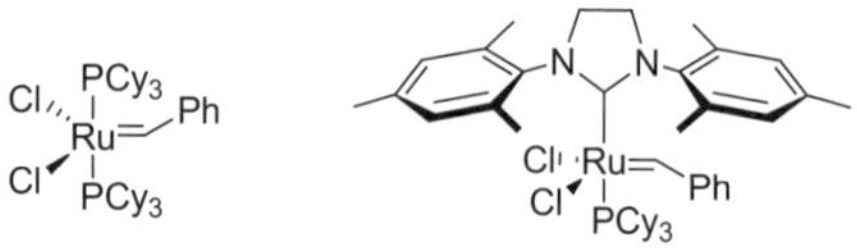

図 I.6.6　第 1 世代（左）および第 2 世代（左）Grubbs 触媒

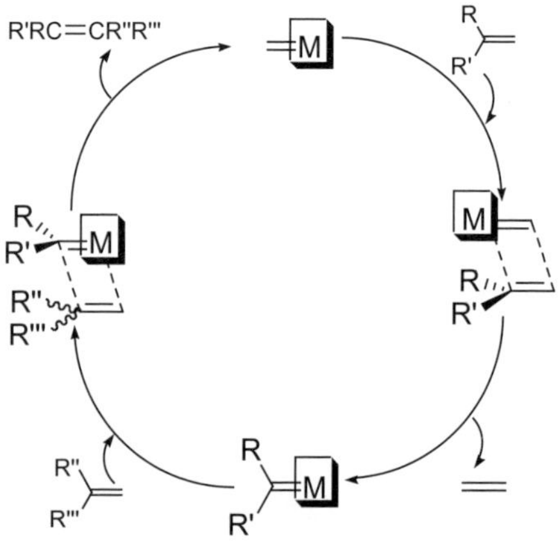

反応式 I.6.5　Chauvin メカニズム

ここに，実際にシクロオレフィンやアルキン類が存在する場合の反応を考えてみると，それぞれ反応式 I.6.6 のように反応し，ポリマーを伸張させることができる。前者はモノマー分子が開環することから，開環重合の一種（**開環メタセシス重合**（ROMP: ring-opening methathesis polymerization））として扱われる場合もある。また，アルキン類のうち最も単純なアセチレンを重合させたポリアセチレンは，後に π 共役による導電性が見出され，白川博士がノーベル賞を受賞するきっかけとなった。ポリアセチレンについては，第 III 編にて簡単に取り扱うので参照願いたい。

反応式 I.6.6 環状アルケンおよびアルキン類の開環メタセシス重合

章末問題

問 I.6.1 スチレンのアイソタクチック，シンジオタクチック，アタクチックのポリマー構造を書きなさい。

問 I.6.2 Ziegler-Natta 触媒を用いた場合に得られるポリプロピレンが，アイソタクチック構造しかとらない理由を説明しなさい。

問 I.6.3 均一系触媒と不均一系触媒では何が違うのかを説明しなさい。また，それぞれの触媒を用いて配位重合を行った際に得られるポリマーの特徴を説明しなさい。

問 I.6.4 ノルボルネン分子の構造を示し，さらにこの分子を開環メタセシス重合した場合に得られる高分子構造を描きなさい。

7 リビング重合

この章での学習目標
① リビング重合の特徴について説明できる。
② リビングラジカル重合について説明できる。
③ リビングカチオン重合について説明できる。

7.1 リビング重合

4.5において，リビングアニオン重合について学んだ。この章ではリビング重合についてもう少し詳細に学んでみたいと思う。

リビング重合（living polymerization）とは，これまでに学んだアニオン，カチオン，ラジカルなどの連鎖重合反応機構の中で，モノマー消費後も活性種である生長末端が「生き続けている」特徴を示す重合反応を指している。リビング重合で得られるポリマーでは，末端活性以外にも重合度や分子量分布，反応速度に通常の連鎖重合とは異なる特徴がある。

リビング重合では，重合度は仕込みモノマー濃度 [M] と活性種濃度 [R] の比に依存しており，そのため系全体で分子量が均一なポリマーが得られることになる。その均一性は分子量分布（分散度とも呼ばれる）M_w/M_n で評価されるが，大きいものでも分散度は $M_w/M_n ≦ 1.5$ であり，長さが揃ったポリマーが得られることがわかる（図I.7.1）。また，通常の連鎖重合では重合開始と同時に一気に重合が開始し，停止反応により成長停止するが，リビング重合では分子量は重合時間と共に直線的に増加する（第I編 ❷ 参照）。

リビング重合では，末端活性種が"生きて"いる。そのため，反応系中の全モノマーを消費しつくし反応が止まった後でも，新たにモノマーを追加すればポリマーの生長反応が行われる。さらに，重合停止反応を起こさせる機能性化合物を反応系内に導入すれば，末端に機能性基を導入することもできる。このリビング重合の性質を利用すれば，あらかじめあるモノマーから作ったリビングポリマーに対し，系内に別種のモノマーを追加することで2つの異なるモノマーセグメントを有するブロッ

図 I.7.1　通常の連鎖重合およびリビング重合法により得られるポリマーの違い

クコポリマーの作成も可能となる。このように末端活性種が生き続ける状態を保つためには，不要な停止反応や連鎖移動反応を防止することが非常に重要であり，それぞれの連鎖重合法で安定な活性種の作成方法が見出されている。

　以上のような特徴を持つリビング重合だが，初めてリビング重合が見出されたのは，ナフタレンとナトリウムを用いたスチレンのアニオン重合である。これは第 I 編 ❹ で述べたように，低温下でのアニオン重合では，副反応の原因となる水を除けば活性末端は安定なため，アニオン重合反応で得られる多くのポリマーはリビング重合の特徴を有するものとなる。また，第 I 編 ❻ で述べたように均一系触媒で用いられるメタロセン触媒による配位重合では分子量分布が狭いポリマーが得られることを述べたが，これもメタロセン分子のカチオン錯体により対アニオンであるカルボアニオンが安定化することによりリビング性が達成されている。

　本章では，この他のリビング重合法として，**リビングラジカル重合法**（living radical polymerization）や**リビングカチオン重合法**（living cationic polymerization）について学んでいく。

7.2　リビングラジカル重合

　リビングラジカル重合では，ラジカル寿命の短さや特有の重合停止機構である再結合反応が起きることから，リビング重合は長らく困難であった。この安定ラジカル（stable radical）を形成する方法は 1990 年前

半から大きく発展し，アルコキシアミンの解離により発生するニトロオキシドラジカル（TEMPO など）を用いる方法，チオエステル類への可逆的付加開裂連鎖移動反応（RAFT : reversible addition-fragmentation chain transfer）によりラジカルを安定化する方法，ハロアルカンと遷移金属錯体触媒との可逆反応の中で，ハロゲン引抜きと共にカルボラジカルを安定発生させる方法の 3 つに大別される（反応式 I.7.1）。ハロアルカンを遷移金属触媒で処理する方法では，カルボラジカルがモノマーへ反応した後に引抜かれたハロゲン原子が再度付加して移動するため，原子移動ラジカル重合（ATRP : atom transfer radical polymerization）とも呼ばれている。

反応式 I.7.1　リビングラジカル重合に用いるラジカル安定化方法

リビングラジカル重合反応では，ポリマー鎖末端がラジカルを持った活性状態と，末端が共有結合でキャップされた休眠状態（ドーマント（dormant）状態）の 2 つの状態をとることにより，重合制御が行われている。通常のラジカル重合では活性末端が不安定であることから一気に重合が進展するが，リビングラジカル重合では活性状態よりも休眠状態が優先されるため，末端へのモノマー付加反応の度に休眠状態を起こすことになる。そのため，モノマーの付加がゆっくりと進み，時間に比例して分子量が増加することになる。

先にあげた 3 種のリビングラジカル重合では，それぞれ末端の休眠状態が異なり，それぞれの重合過程も異なる。1 つずつ見ていこう。TEMPO を用いた方法は，ドーマント種であるアルコキシアミンの解離－結合機構に基づく。1 分子の解離によりニトロキシドと安定なラジカル末端がつくられ，続いてモノマーへの付加反応またはニトロキシドによる再結合で休眠状態をとる（反応式 I.7.2）。この TEMPO を用いる方法では，立体障害などのために，適用できるモノマーはスチレンなどに限られている。

反応式 I.7.2　TEMPO を用いた重合反応

　また，遷移金属を用いた方法では，遷移金属の原子価が変化しやすいことを利用しており，1 電子酸化と共に開始剤からハロゲンを引抜くことで活性化し，末端にカルボラジカルを生成する。この活性末端はモノマーへの付加反応と共に，再度遷移金属上のハロゲンを受け取りキャップされるため，反応が制御されることになる（反応式 I.7.3）。この ATRP では，反応末端が安定的にカルボカチオンを保持し続けることが必要となるため，ベンジルラジカルをつくるスチレン類や 3 級カルボラジカルとなるメタクリロイル基を有するモノマーなどに利用は限られている。

反応式 I.7.3　遷移金属触媒を用いた重合反応

　一方，RAFT 剤を用いる重合法では，可逆的な交換連鎖反応を連続的に起こさせることに基づいているため，適用できるモノマーは他の 2 つの方法と比べると幅広い。この RAFT 重合では，モノマーが開始剤ラジカルを受け取った後，モノマーとの反応による生長反応を起こしうるが，それ以上に RAFT 剤への連鎖移動反応が優先されるため，急速にポリマーが生長することはない。RAFT 剤への連鎖移動反応では，別途 RAFT 剤からラジカル R が生じるが，これも開始剤と同様の反応を起こすことになる。開始剤ラジカル I と RAFT 剤からの脱離ラジカル R の構造が同じであれば，重合が制御可能な構造で，明確なポリマーを得ることが可能になる（反応式 I.7.4）。

反応式 I.7.4　RAFT 剤を用いた重合反応

7.3　リビングカチオン重合

　リビングカチオン重合も末端活性種の安定化により，分子量均一で揃ったポリマーを得る重合法の 1 つとして知られている。4.2 で述べたように，反応活性種である末端カチオンは，プロトンの脱離や水などの求核付加といった連鎖移動反応，停止反応が起こりやすいため，末端活性種の安定化ならびにリビング重合が困難とされてきた。カチオン重合では，末端カチオンの周りに存在している対アニオンとの相互作用により反応性が制御されており，強すぎると重合反応性がないが，弱いと重合反応性はあるが制御が困難である。そのため，リビングカチオン重合を行うためには，末端カチオンと対アニオンのバランスが非常に優れた中間体が必要となる。試行錯誤が続いてきたが 1980 年代ごろからビニルエーテル類の重合において，ハロゲン化水素とルイス酸であるハロゲン化亜鉛を用いた系が有効であることがわかってきた（反応式 I.7.5）。

　この反応では一旦モノマーへハロゲン化水素が求電子付加した後，ハロゲン化亜鉛を加えることでハロゲンがルイス酸に配位してカルボカチオン C^+ と ZnX_3^- を形成する。このカルボカチオンが活性種となりモノマーと反応して重合するものの，比較的 C-X 共有結合は安定なため再度 ZnX_3^- のハロゲンによる求核反応が起こる。これにより，ポリマー鎖末端が再度ハロゲンでキャップされる。これが繰り返し起こることで時間とともに分子量が伸び，分子量が均一で構造が揃ったリビングポリマーが形成されている。近年では他のモノマーについても，同様に末端カチオンと対アニオンのバランスが取れた反応系の設計することで，リビングカチオン重合が達成されている。

反応式 I.7.5　亜鉛化合物を用いたビニルエーテル類のリビングカチオン重合

章末問題

問 I.7.1　リビング重合で得られるポリマーの特徴について説明しなさい。

問 I.7.2　ドーマント状態とはどのような状態をさすか。例を挙げて説明しなさい。

問 I.7.3　モノマーとしてメタクリル酸メチル 1 mol，RAFT 剤 10 mmol，ラジカル開始剤 AIBN 5 mmol を用いて RAFT リビングラジカル重合を行った。この反応で得られるポリマーの数平均重合度を答えなさい。ただし，モノマーの変換率は 100% とする。

問 I.7.4　リビングカチオン重合は同じイオン重合のリビングアニオン重合と比べてなぜ困難と言われるのか説明しなさい。

8 重縮合・重付加反応

この章での学習目標
① 逐次重合の分類について説明できる。
② 逐次重合での仕込み比や反応率の違いによる平均重合度の変化について説明できる。
③ 逐次重合で得られるポリマーの分子量分布を説明できる。
④ 逐次重合で得られるポリマーの分子量分布による影響を説明できる。
⑤ 汎用的な重縮合・重付加ポリマーの分類について説明できる。

8.1 逐次重合反応の分類による反応

　逐次重合は，2個の反応性の官能基 a を持つモノマー A が，別の 2 個の反応性官能基 b を持つモノマー B と反応して a'-b' 間に共有結合を形成する反応であり，これが繰り返されることでポリマー化する反応である（反応式 I.8.1）。この共有結合の際に水や他の小分子が脱離して分子量減少を伴うものを**重縮合**（polycondensation），分子量減少を伴わず結合の組替えにより共有結合が形成されるものを**重付加反応**（polyaddition）という。また，このほかに付加縮合（addition condensation）もあるが，これは ❾ にて説明する。重縮合の場合には，モノマー A と B の組合せとして，アルコールとカルボン酸，カルボン酸とアミン，アルコールと酸塩化物などが挙げられており，それぞれポリエステル，ポリアミド，ポリカーボネートと呼ばれる高分子へと変化する。一方，重付加反応で

反応式 I.8.1　重縮合と重付加反応

はイソシアネートとアルコールまたはアミンによる反応が有名であり，ポリウレタンやポリ尿素へと変化する。これらについては 8.5 にて解説する。

8.2 逐次重合における反応度と重合度との関係

重縮合や重付加は比較的素反応が単純なため，重合の進行具合を計算により推測することが可能である。ここでは，重縮合や重付加で得られるポリマーの平均重合度 x_n について考えてみる。例えば，モノマー A およびモノマー B がそれぞれ 2 つ分（計 4 個）完全に反応した場合，系中の分子の個数は 1 個に減るが，モノマー A と B による繰り返しが 4 つある $x_n = 4$ のオリゴマー分子ができあがることになる。このように，数平均重合度 x_n は

$$x_n = \frac{反応前の全モノマー数}{反応後の全分子数} \tag{I.8.1}$$

として求めることが可能となる。ここで，モノマー A が持っている官能基の数を N_A，モノマー B が持っている官能基の数を N_B とすると，モノマーの仕込み比 r および反応前の全モノマー分子数はそれぞれ下記の式で表すことができる。

$$r = \frac{N_A}{N_B} \quad ただし N_B > N_A で 0 < r \leq 1 \tag{I.8.2}$$

$$反応前の全モノマー数 = \frac{N_A + N_B}{2} = \frac{N_A(1 + \frac{1}{r})}{2} \tag{I.8.3}$$

また，重合の反応度（extent of polymerization）を p $(0 < p \leq 1)$ とおくと，反応系中に残っている全分子の数は，未反応基の数から算出することができる（1 分子には未反応基が 2 つあるため）。

$$反応後の全分子数 = \frac{N_A - pN_A + N_B - pN_A}{2} = \frac{N_A}{2}\left[(1-p) + \left(\frac{1}{r} - p\right)\right] \tag{I.8.4}$$

よって，平均重合度は式 (I.8.1) ～式 (I.8.4) から下式で導くことができる。

$$x_n = \frac{反応前の全モノマー数}{反応後の全分子数} = \frac{式(I.8.2)}{式(I.8.3)} = \frac{\frac{N_A(1+\frac{1}{r})}{2}}{\frac{N_A}{2}\left[(1-p) + \left(\frac{1}{r}-p\right)\right]}$$

$$= \frac{1+r}{r(1-p) + (1-pr)} = \frac{1+r}{2r(1-p) + (1-r)} \tag{I.8.5}$$

もし，モノマー A とモノマー B が同量である仕込み比 $r = 1$ であるな

らば，数平均重合度は

$$x_n = \frac{1}{1-p} \tag{I.8.6}$$

となり，反応度 p が1に近づくにつれて，数平均重合度が著しく増加することになる。また，もし完全により少ないモノマーAが完全消費された $p=1$ であるならば，数平均重合度は

$$x_n = \frac{1+r}{1-r} \tag{I.8.7}$$

となり，仕込み比 r が1に近づくにつれて，数平均重合度が著しく増加することになる。

　以上からわかるとおり，逐次重合で高分子量体を得るためには，反応度をできるだけ高くし，かつモノマー分子の仕込み比を等しくすることが重要であることがわかる。

　90%の反応度は，一般的な有機合成化学においては優れた反応とされるが，重合反応においては数平均重合度が最高でも10（仕込み比が等しい場合）に留まることから優れた反応とは言えない。そのため，実際の重合反応では，反応系の最適化によって99%以上の反応度が達成され，高分子が得られている。また一方で，モノマーの仕込み比も非常に重要なことがわかる。例えば，仕込み比がわずか10%ずれただけでも数平均重合度は最高でも21に留まることになる。仕込み比による影響は一方で，反応度を常に一定に保たれる条件設定ができれば，仕込み比により分子量を制御できることを意味している。高分子材料の性質は，分子量によって大きく変化することから，目的に適した材料を設計する上で仕込み比の厳密制御は重要となることがわかる。

8.3　逐次重合反応における速度論

　8.2 で示したように，数平均重合度は仕込み比と反応度によって決定される。では，最終的な反応度に至るまでに高分子の数平均重合度はどのように変化するのだろうか？　反応式 I.8.1 のような逆反応が無視できる反応系で，仕込み比（初期濃度）が等しい $r=1$ の場合について考えてみたい。反応速度 R，反応速度定数を k とおき，それぞれの初期濃度 c_0，ある時間 t における濃度 c とおくと次の式（I.8.8）が導かれ，式（I.8.9）のように変形することができる。

$$R = -\frac{dc}{dt} = kc^2 \tag{I.8.8}$$

$$-\frac{1}{c^2}\mathrm{d}c = k\mathrm{d}t \tag{I.8.9}$$

これを積分すると式 (I.8.10) が得られる。

$$-\int_{c_0}^{c}\frac{1}{c^2}\mathrm{d}c = \int_0^t k\mathrm{d}t = \frac{1}{c} - \frac{1}{c_0} = kt \tag{I.8.10}$$

この式の両辺に c_0 を掛けて変形すると，式 (I.8.1) と結びつけることができる。

$$x_n = \frac{\text{反応前の全モノマー数}}{\text{反応後の全分子数}} = \frac{c_0}{c} = kc_0 t + 1 \tag{I.8.11}$$

以上から，数平均重合度は初期濃度と反応速度定数の積に対し，時間に比例して増えていくことがわかる。

また，定義より反応率 p は，c_0 と c を使って下記の式で表すことができる。

$$p = (c_0 - c)/c_0 \tag{I.8.12}$$

この式 (I.8.12) を式 (I.8.11) に代入すると，式 (I.8.13) が導かれる。

$$x_n = kc_0 t + 1 = \frac{c_0}{c} = \frac{1}{1-p} \tag{I.8.13}$$

式 (I.8.13) は式 (I.8.6) と同じ形であり，時間と反応度の変化の相関を見出すことができる。

8.4 逐次重合における分子量分布

逐次重合で得られるポリマーの数平均分子量は，モノマーの分子量さえわかれば 8.2 で求めた数平均重合度を使って計算的に求めることができる。しかしすでに知っているように，高分子反応ではさまざまな鎖長のポリマーが生成され，分子量分布（分散度）が存在する。分子量分布は高分子物性を推定する上で重要な因子であり，逐次重合で得られるポリマーについても，反応性や反応速度などのいくつかの仮定をおけば統計的に求めることが可能である。

8.2 で出てきた反応度 p は式 (I.8.12) で示したように，ある時点において官能基が p の割合で消費されたことを示している。そのため，初期全分子数を N_0，ある時点でのさまざまな重合度を持つ全分子数を N とすると，下記のようにおくことができる。

$$N = N_0 \frac{c}{c_0} = N_0(1-p) \tag{I.8.14}$$

さきに述べたように分子量を統計的に求めるにはいくつかの仮定が必

要である。ここからは，1分子内に互いに反応する官能基AとBを持つあるモノマーの逐次重合について考えいく。先の反応度pは，言い換えればその時点までにpの確率でモノマーが消費されたことを示している。そのため，分子内のある一方の官能基（AまたはB）の反応確率に着目すると，ある重合度xの分子が形成されるには，$x-1$回反応確率pで反応し，1回反応しない確率$1-p$が起きていることを意味している。これがその時点の全分子Nのうち，どの程度（N_x）が重合度xとなっているかは下記の式で表すことができる。

$$N_x = N(1-p)p^{x-1} = N_0(1-p)^2 p^{x-1} \quad (\text{I.8.15})$$

これを全分子中の分子個数N式（I.8.14）と比較することにより，モル分率n_xを算出することができる。

$$n_x = \frac{N_x}{N} = \frac{N_0(1-p)^2 p^{x-1}}{N_0(1-p)} = (1-p)p^{x-1} \quad (\text{I.8.16})$$

以上からモル分率n_xと重合度xの関係は導けるが，実験では分子量の違いが反映された結果しか得ることができず比較しづらいため，重量分率w_xと重合度xの関係について求める。

重量分率w_xは，前出のモル分率とモノマー繰返し分子量M_0を用いた全重量の割合から算出され，式（I.8.15）へ代入することで以下の式に導くことができる。

$$w_x = \frac{xN_0 N_x}{M_0 N_0} = \frac{xN_x}{N_0} = \frac{xN_0(1-p)^2 p^{x-1}}{N_0} = (1-p)^2 x p^{x-1} \quad (\text{I.8.17})$$

式（I.8.16）および式（I.8.17）について，縦軸をモル分率n_xまたは重合分率w_xとし，横軸を重合度xとして関係をグラフ化すると次のようになる（図I.8.1）。

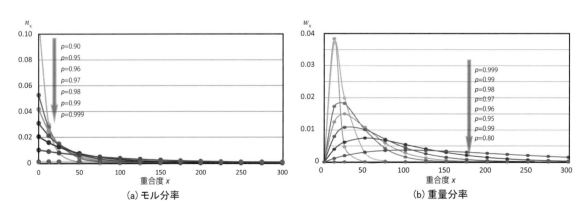

図 I.8.1　重合度に対するモル分率（a）と重量分率（b）の関係性

また，8.2 で算出した数平均重合度 x_n は，上述のモル分率 n_x と重量分率 w_x から求めることができ，同じ値となることがわかる。

$$x_n = \sum_{x=1}^{\infty} x n_x = (1-p) \sum_{x=1}^{\infty} x p^{x-1} = (1-p) \frac{1}{(1-p)^2} = \frac{1}{1-p} \quad (\text{I.8.18})$$

同様に重量平均重合度 x_w も以下のように導くことができる。

$$x_w = \sum_{x=1}^{\infty} x w_x = (1-p)^2 \sum_{x=1}^{\infty} x^2 p^{x-1} = (1-p)^2 \frac{1+p}{(1-p)^3} = \frac{1+p}{1-p} \quad (\text{I.8.19})$$

また，分子量分布（分散度）M_w/M_n は数平均重合度 x_n と重量平均重合度と分子量から算出されるため，以下の式で導かれる。

$$\frac{M_w}{M_n} = \frac{M x_w}{M x_n} = \frac{x_w}{x_n} = \frac{1+p}{1-p} / \left(\frac{1}{1-p}\right) = 1+p \quad (\text{I.8.20})$$

全て反応した場合には反応率 $p = 1$ であり，逐次重合における分子量分布は 2 となることがわかる。

8.5 さまざまな重縮合および重付加反応による高分子

重縮合による高分子合成では，水や塩酸などの小分子脱離を伴いつつモノマーが繰り返し付加することで高分子が生成する。

2 官能性のアルコールと，2 官能性のカルボン酸による反応では，加熱脱水縮合によりエステル結合が形成され，この反応が繰り返されることでポリエステルとなる。エステル化は可逆的反応であるため，高分子量体を形成するためには反応途中で脱水された水を系外へ出す必要がある。ポリエステルの代表例として知られるのが，エチレングリコールとテレフタル酸からなるエステルであるポリエチレンテレフタレート（PET）であり，成形性に優れた樹脂や繊維として利用されている（反応式 I.8.2）。

n HO-(CH$_2$)$_2$-OH + n HOOC-⟨⟩-COOH ⇌ -[O-(CH$_2$)$_2$-OOC-⟨⟩-CO]$_n$- + (2n-1) H$_2$O
ethylene glycol　　terephthalic acid　　　　polyethylene terephthalate

反応式 I.8.2　ポリエステル合成

カルボン酸はアミンと加熱脱水縮合によりアミド結合を作ることから，2 官能性のアミンと，2 官能性のカルボン酸からポリアミドが作られる。アミド化反応もエステル化と同様に可逆反応ではあるが，アミド中のカルボニルは比較的加水分解を受けづらく，安定なことが知られている。ポリアミドは，ポリマー鎖同士で水素結合を形成することから高

強度材料となることが知られており，ヘキサメチレンジアミンとアジピン酸から作られる6,6-ナイロンは化学繊維の代表例として知られている（反応式 I.8.3）。ポリアミドはまた，ジアミンと酸ハロゲン化物によっても得ることができる。この反応は不可逆であり反応性も高いことから，室温で容易に反応させることができる。特に6,6-ナイロンの合成では，ヘキサメチレンジアミンを水層に，アジピン酸クロリドを有機ハロゲン液層に溶かしておくと，水層と有機層の界面上で重縮合が進行する。この界面上のナイロン分子を引き上げれば連続的に界面重縮合反応を起こして紡糸することが可能となる。

$$n\ H_2N-(CH_2)_6-NH_2 + n\ HOOC-(CH_2)_4-COOH \rightleftharpoons [-O-(CH_2)_6-OOC-(CH_2)_4-CO-]_n + (2n-1)\ H_2O$$

hexamethylene diamine ・ adipic acid (hexanedioic acid) ・ 6,6-nylon

$$n\ H_2N-(CH_2)_6-NH_2 + n\ ClOC-(CH_2)_4-COCl \longrightarrow [-O-(CH_2)_6-OOC-(CH_2)_4-CO-]_n + (2n-1)\ HCl$$

hexamethylene diamine ・ adipoyl chloride ・ 6,6-nylon

反応式 I.8.3　6,6-ナイロンの合成法

ポリカーボネートを作る重合反応の代表例は，ビスフェノールAとホスゲンを反応させる反応である（反応式 I.8.4）。ホスゲンは非常に毒性が強い物質であり，ビスフェノールAも環境ホルモンとして問題視されているものの，ポリカーボネートは耐熱性や透明性に優れた材料として知られており，現在も材料としての需要は高い。この反応でもビスフェノールをアルカリ水溶液に溶解し，ホスゲンを有機ハロゲン溶媒に溶解することで界面重縮合を行うことが可能である。

反応式 I.8.4　ポリカーボネートの合成法

重付加反応によるポリマーでは，モノマー間の共有結合形成に伴う小分子脱離が起きないという点で重縮合とは異なる。重付加反応によるポリマーは，高反応性のイソシアネートとアルコールやアミンと反応させてできる，ポリウレタンやポリ尿素（ポリウレア）が代表例として知られている（反応式 I.8.5）。

$$n\,\text{OCN-R-NCO} + n\,\text{HO-R'-OH} \longrightarrow \pm\text{OC-HN-R-NH-CO-O-R'-O}\mp_n$$
polyurethane

$$n\,\text{OCN-R-NCO} + n\,\text{H}_2\text{N-R'-NH}_2 \longrightarrow \pm\text{OC-NH-R-NH-CO-NH-R'-NH}\mp_n$$
polyurea

反応式 I.8.5 ポリウレタンとポリウレアの合成法

断熱材として用いられる発泡性ポリウレタンは，ジイソシアネート化合物が水により分解してできる二酸化炭素ガスが，同時に生成したポリアミンとジイソシアネートとの反応で得られる高分子材料に空孔を作ることにより作製されている（反応式 I.8.6）。

$$n\,\text{OCN-R-NCO} + 2n\,\text{H}_2\text{O} \longrightarrow n\,\text{H}_2\text{N-R-NH}_2 + 2n\,\text{CO}_2(\text{gas})\uparrow$$

反応式 I.8.6 ポリウレタンフォーム形成に必要な副反応

章末問題

問 I.8.1 互いに反応する2官能性モノマーAの1モルとモノマーBの1.1モルとで重縮合反応を行った。100%反応して得られるポリマーの数平均重合度について説明しなさい。

問 I.8.2 重縮合反応によるポリエステル高分子合成で巨大な分子量の高分子を作るにはどのようなことに気をつければいいか説明しなさい。

問 I.8.3 重合度に対する重量分率は，反応度 p の変化によりどのような変化が起きるか。グラフにより図示しなさい。

問 I.8.4 理想的な重縮合では分子量分布が2に近づくことを説明しなさい。

問 I.8.5 発泡ウレタン材の生成原理について説明しなさい。

9 付加縮合，および架橋反応による高分子合成

この章での学習目標
① 付加縮合について説明できる。
② フェノール樹脂の作製法について説明できる。
③ 分子架橋による樹脂作製方法について説明できる。

9.1 付加縮合

付加縮合（addition condensation）は逐次重合法の一種であり，これは付加反応が起こった後に縮合反応が引き続く反応を指す。この反応では，縮合反応過程において三次元的な架橋を伴う樹脂が形成されやすく，安定な化学材料として利用が可能である。付加縮合で得られる樹脂の多くは熱で架橋するため，一般的に耐熱性の高い**熱硬化性樹脂**（thermosetting resin）となる。一方，熱架橋を施していない樹脂は熱により軟化するため，**熱可塑性樹脂**（thermoplastic resin）と呼ばれる。

付加縮合では，付加と縮合という2段階の複雑な反応経路を経る。そのため，逐次重合のうち重縮合や重付加では反応度や重合度を推測することが可能だったが，付加縮合では細かな反応過程を推測することは困難であり，素反応を参考にすることはできても多くが経験則による合成法に頼っている。しかし，その歴史は古く，酸または塩基触媒存在下でフェノールとアルデヒドを反応させることによる**フェノール樹脂**（ベークライト）は20世紀初頭に開発されており，現在でも付加縮合反応の代表例として挙げられている。

9.2 付加縮合による合成樹脂

付加縮合では，付加反応と縮合反応の2段階で反応が完了する。そのため，重合反応過程が非常に複雑であり，通常の逐次重合反応過程とは異なる場合が多く精密な反応制御は困難である。しかしながら，付加縮合で作られる材料の代表例であるフェノール樹脂は古くから作られてお

9 付加縮合，および架橋反応による高分子合成　65

り，ある程度の反応制御は可能となっている。フェノール樹脂は酸または塩基性条件で作られたノボラックまたはレゾールに対して架橋反応を行うことで得ることができる（反応式 I.9.1）。

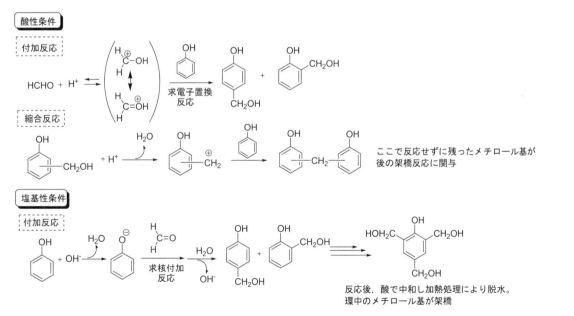

反応式 I.9.1　酸または塩基によるフェノール樹脂の作成法

フェノールとホルムアルデヒドの付加反応は，酸性または塩基性条件でそれぞれ異なる（反応式 I.9.2）。

反応式 I.9.2　付加縮合反応の素反応

このほかにもホルムアルデヒドは，尿素やメラミンなどと付加縮合反応を起こすことが知られている。ホルムアルデヒドは尿素のアミノ基に反応し，1分子に対して1～4個のメチロール基を導入でき，この中間体を加熱して縮合することで尿素樹脂を形成することができる。また，

メラミンでも同様にアミノ基に反応し，1分子中に1～6個のメチロール基が付加され，加熱縮合によりメラミン樹脂を形成する。ホルムアルデヒドはこのようにアミノ樹脂調製法に欠かせない化合物となっている（反応式 I.9.3）。

反応式 I.9.3　尿素およびメラミン樹脂の合成法

また，エポキシ樹脂の調製法も付加縮合反応の1つとして知られている。例としてビスフェノールAとエピクロロヒドリンを主原料とするエポキシ樹脂について説明する。ビスフェノールAとエピクロロヒドリンから，求核置換反応によりモノマーとなる末端エポキシ分子がつくられる。このモノマーはエポキシの開環を伴う重付加反応によりポリマーが作られるが，ここに2官能性アミンを導入しておくことで架橋反応が進行する。この反応では反応過程でポリマー中のヒドロキシ基も脱水縮合反応を起こすため，非常に複雑な反応が進行する（反応式 I.9.4）。この反応によりポリマー同士が高度に架橋され，非常に安定な樹脂となる。エポキシ樹脂は，強度や耐熱性に優れた材料であり，また近年では無機繊維と組み合わせて複合材料としても使われている。

反応式 I.9.4　エポキシ樹脂合成反応

9.3 　重付加反応高分子の架橋反応

　第Ⅰ編 ❽ で述べたようにイソシアネートを持つモノマーはアルコールやアミンと重付加してポリウレタンやポリ尿素を生成する。しかし，この反応では，生成したポリウレタンやポリウレアは引き続き重付加が繰り返されるほかに，生成したポリウレタンやポリウレア中の2級アミンがジイソシアネートと反応することでアロファネート結合[*1]やビウレット結合[*2]を形成する反応を起こす。この反応により3次元架橋していく上，加熱によりさらに複雑な構造からなる樹脂が生成する（反応式 I.9.5）。

[*1] アロファネート結合

[*2] ビウレット結合

反応式 I.9.5　イソシアネートの副反応による分子架橋反応

9.4　架橋反応の反応率

高分子の架橋反応がある程度進むと不溶不融の化合物（ゲル）が得られる。架橋反応では多官能性のモノマーを必要とするが，初期モノマー個数 N_0，ある反応時間におけるモノマーの個数 N，モノマー1分子中の官能基の数 f および反応度 p を用いると，この消費過程を式的に導くことができる。最初の官能基総数は fN_0 であり，1回の反応で2つの官能基が消費されるので消費された官能基の数は $2(N_0-N)$ となる。よって，反応度 p は下記の式で表すことができる。

$$p = \frac{2(N_0-N)}{fN_0} \tag{I.9.1}$$

また，数平均重合度 x_n は，$x_n = \dfrac{反応前の全モノマー数}{反応後の全分子数}$ であることから

$$x_n = \frac{N_0}{N} \tag{I.9.2}$$

式 (I.9.1) および式 (I.9.2) を変形すると

$$p = \frac{2}{f} - \frac{2}{fx_n} \tag{I.9.3}$$

第 I 編 8 で述べたように，逐次重合では仕込み比 $r = 1$ に近づくにつれ重合度 x_n は∞となる。そのため，互いに反応する官能基の数が等しくなるこのような条件であれば，式 (I.9.4) のような形で導くことができる。

$$p = \frac{2}{f} \tag{I.9.4}$$

なお，このときのモノマー1分子中の平均官能基 f は下記の式で表すことができる。

$$f = \frac{2 \times [それぞれのモノマー1分子中の官能基数の積]}{それぞれのモノマー1分子中の官能基数の和} \tag{I.9.5}$$

9.5　逐次重合と連鎖重合の組合せによる高分子材料

これまで見てきたように，逐次重合と連鎖重合ではそれぞれ反応に関与する官能基は異なっている。近年では，この両重合反応を利用して新たに樹脂化する方法が検討されている。この方法で得られる材料の1つに不飽和ポリエステル材料がある。不飽和ポリエステル樹脂は熱硬化性樹脂であり，無水マレイン酸とジオールなどのポリオールと重縮合した後にスチレン共存下でラジカル共重合させることにより得ることができ

る。無水マレイン酸は単独ではラジカル重合が困難であるが，スチレン共存下では容易に重合し，三次元架橋した樹脂が作製される（反応式 I.9.6）。この方法で作成される樹脂は，耐熱性や耐薬品性に優れ，機械物性的にも優れた材料となる。また，この樹脂作成の際にガラス繊維を混ぜ込んで反応させることも可能であり，これにより作られる**繊維強化プラスチック**（fiber-reinforced plastic）は強度的に優れた材料であり，ユニットバスなどの住宅建材や小型船舶などに多用されている。

反応式 I.9.6 不飽和ポリエステル樹脂の作成法

章末問題

問 I.9.1 フェノール樹脂をつくる際に，酸と塩基を用いることで合成過程はどのように異なるか説明しなさい。

問 I.9.2 互いに縮合反応を起こす2官能性モノマー A 2等量と4官能性モノマー B 1等量を加熱縮合すると架橋高分子が生成する。このとき，官能基はどの程度消費されているか応えなさい。

問 I.9.3 なぜ不飽和ポリエステル樹脂の合成において，スチレンを加えなければいけないのか説明しなさい。

第Ⅱ編 物性編

　第Ⅱ編では，高分子の物理的な性質（物性）について，巨視的視点，微視的視点の双方から学習します。

　❶では，高分子の機械的性質を理解するために必要な材料力学の基礎を主に巨視的視点から学習します。

　❷では，高分子材料の温度による物性の変化を，分子スケールの構造や運動の状態から解き明かします。

　❸では，高分子溶液の性質について微視的視点から解説し，これらの性質を応用した高分子の分子量測定法についても学習します。

　無機材料や金属材料には見られない，高分子材料の特徴的な性質を分子レベルから理解しましょう。

高分子の機械的性質

> **この章での学習目標**
> ① 理想的な弾性体および粘性体における応力とひずみの関係を理解できる。
> ② 応力-ひずみ曲線より材料の各種強度を評価することができる。
> ③ 力学モデルを用いて粘弾性体の応力緩和およびクリープを説明できる。
> ④ ゴム弾性が生じる理由を高分子鎖の構造と運動の観点から説明できる。

1.1 高分子－やわらかい材料

高校で学習する初歩的な力学では，力を加えても変形しない物体，**剛体**（rigid body）を主に取り扱った。しかし，このような理想的な物体は実際には存在せず，いかなる物体も力を加えると多少なりとも変形する。特に高分子材料は一般的に「やわらかい」といわれ，加えた力に対して比較的敏感に変形するものが多い。

一言で変形といっても，これには 2 種類の性質が関わっている。1 つは「ばね」のように，大きく変形させるためにはより大きな力を必要とし，加えた力を取り除けば元のかたちに戻る性質（**弾性**（elasticity））であり，もう 1 つは「水あめ」のように，一定の力で限りなく変形し，力を除いても元のかたちには戻らない性質（**粘性**（viscosity））である。もし手元にビニールテープがあれば，適当な長さを切り出して強く引っ張ってみてほしい。引っ張っている間は，元のかたちに戻る力が働く一方で，力を加えた後のビニールテープの切れ端は，元のかたちに比べてだらしなく伸び，あるいは腕力のある読者であれば引きちぎれてしまっているはずである。この挙動は，読者が手にしたビニールテープが「弾性」と「粘性」の両方をあわせ持つ，**粘弾性体**（viscoelastic body）であることの一端を示している。

このビニールテープの例に限らず，高分子材料は弾性と粘性の両方の

性質を持ち，さらに温度や加える力の強弱で特性が変化することもある。このふるまいには材料を構成する高分子の分子構造が密接に関係している。本章では，これら高分子材料の機械的性質を理解する上での基礎知識を解説したのちに高分子特有の挙動を学習し，高分子の分子構造との関連についても触れる。

1.2　応力とひずみ

物体の変形の最も単純な例として，直方体の材料をある一辺 (l_3) の方向に引き延ばす，**単純伸長**（simple extension）を考えよう（図 II.1.1）。変形後も直方体であるとすると，伸ばした方向以外の辺 (l_1 および l_2) は縮み，全体の体積は変化するのが一般的である。

ここで材料の機械的性質を考える上での重要な概念である「**応力**（stress）」と「**ひずみ**（歪み，strain）」について説明する。1つ例を挙げると，初歩の力学で学習するフックの法則（式(II.1.1)）

$$F = kx \tag{II.1.1}$$

は，ばねを伸縮（変形）させた距離 x と，そのときの反力 F の関係が，ばね定数 k を比例定数とした比例関係にあることを示したものである。このばね定数 k は，ばねによって固有の値であって，材質の種類や状態だけでなく，ばねの太さや長さによっても変化するため，材質そのものの特性を示す物性値としては適切ではない。図 II.1.1 の直方体の単純伸長でも同様で，同じ力 F_3 に対しても材料が太い（面積 $l_1 l_2$ が大きい）場合は伸びが小さくなり，材料が長い（l_3 が長い）場合は伸びが大きくなる。

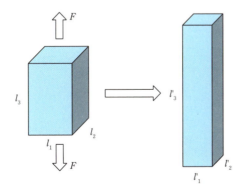

図 II.1.1　材料の単純伸長

これら材料の大きさの影響を取り除くために，材料に加える力と変形の長さを，材料の大きさで「規格化」したものがそれぞれ応力とひずみである。応力は**物質内部に作用する単位面積当たりの力**（internal force per unit area）で定義され，単純伸長の場合は，力を垂直に作用している面の面積で割った

$$\sigma_3 = F_3 / l_1 l_2 \tag{II.1.2}$$

で計算できる（式(II.1.2)）。この応力は，作用する面に対して垂直にはたらくため，**法線応力**（normal stress）とも呼ばれる。一方でひずみは，伸びたり縮んだりした長さを元の長さで割った**無次元量**（dimensionless quantity）

$$\gamma_1 = l'_1 - l_1 / l_1 = \Delta l_1 / l_1 \tag{II.1.3}$$
$$\gamma_2 = l'_2 - l_2 / l_2 = \Delta l_2 / l_2 \tag{II.1.4}$$
$$\gamma_3 = l'_3 - l_3 / l_3 = \Delta l_3 / l_3 \tag{II.1.5}$$

で定義される（式(II.1.3〜II.1.5)）。

単純伸長と並ぶ代表的な変形として，**ずり変形**（単純ずり，shear）がある。ずり変形は，物体を平行な面で挟み，それを平行方向にそれぞれ逆向きに力を加えて生じる変形である。図 II.1.2 に示す直方体をずり変形させ，変形後は l_1 および l_2 が不変で角度が θ だけ傾いた平行六面体であるとすると，応力（**ずり応力**（shear stress））（式(II.1.6)）およびひずみ（式(II.1.7)）はそれぞれ

$$\sigma_s = F / l_1 l_2 \tag{II.1.6}$$
$$\gamma_s = \Delta c / l_3 = \tan \theta \tag{II.1.7}$$

と定義される。

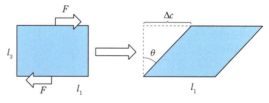

図 II.1.2　材料のずり変形（l_2 は紙面に垂直な方向）

1.3　弾性体と粘性体

弾性体（elastic body）は，広い意味では「力を加えると変形し，力を除くと元のかたちに戻る物体」であるが，狭い意味ではフックの法則が

成立する物体を指し，必要に応じ**フック弾性体**（Hookean）と呼び区別する。単純伸長について，フックの法則を応力およびひずみを用いて記述すると

$$\sigma = E\gamma \tag{II.1.8}$$

となり，ばね定数に相当する比例定数 E を**ヤング率**（Young's modulus）と呼ぶ。フック弾性体のずり変形では

$$\sigma_s = G\gamma_s \tag{II.1.9}$$

が成立し，比例定数 G を**ずり弾性率**（shear modulus）と呼ぶ。これらの弾性体における応力とひずみの比例定数のことは，まとめて**弾性率**（elastic modulus）と呼ばれる。

粘性体（viscous body）は，弾性体とは異なり，力を加え続ければ変形し続け，力を取り除いてもかたちは元には戻らないが，より速く変形を行うためには，より多くの力が必要になるという性質がある。身近なものでは，ドアのダッシュポットや，自転車用の手動空気ポンプなどでこの粘性体の性質を体感できる。理想的な粘性体では，応力とひずみ速度 $\dot{\gamma}\ (= d\gamma/dt)$ が比例関係にあり，粘度 η を比例定数として

$$\sigma = \eta\dot{\gamma} \tag{II.1.10}$$

が成立する。このような粘性体を**ニュートン粘性体**（ニュートン流体，Newtonian）と呼ぶ。

1.4 材料の強さと応力ーひずみ曲線

材料の特性を検討する上で，「強さ」の評価は欠かすことができない。「強い」材料とは一体何であろうか。曲がりにくい，壊れにくいなど，さまざまな見地があるが，ここではもう少し詳細に掘り下げて，材料の「強さ」の指標について学習したい。

1つの例を挙げる。光学顕微鏡の試料作製で使用するカバーグラスと，スーパーマーケットの買い物袋などとして利用されるポリエチレン袋は，ともに厚さ 0.1 mm 程度であるが，両者のどちらが「強い」と言えるだろうか。ポリエチレン袋は，触る程度の力を加えただけで容易に変形するが，カバーグラスは触れる程度の力では大きく変形はしない。同じ応力に対して変形しにくいという観点では，ガラスの方が「強い」と言える。このような強さは**硬さ**（hardness）（対義語：柔らかさ（softness））

と表現される。その一方で，カバーガラスに折り曲げる力や押し付ける力をかけると容易に割れてしまうのに対し，ポリエチレン袋に同程度の力をかけても，多少伸びてしまうかもしれないが，ちぎれてしまうことはないだろう。破断が起こりにくいという観点では，ポリエチレン袋に軍配が上がる。こちらは**靭やか**（しな）（対義語：**脆い**（もろ））と表現され，その性質は**靭性**（じんせい）（toughness）（**脆性**（ぜいせい）（brittleness））と呼ばれる。「強靭」とは，硬さと靭やかさをあわせ持った性質を示すものであり，対義語は「脆弱」である。

より厳密かつ定量的に材料の「強さ」を検討するためには，ひずみを与えたときにかかる応力をグラフ化した**応力 - ひずみ曲線**（stress-strain curve）が用いられる。図Ⅱ.1.3に，フック弾性体とニュートン粘性体の応力 - ひずみ曲線を示す。理想的なフック弾性体では応力 - ひずみ曲線は直線となり，傾きはヤング率をあらわす。

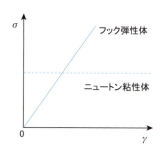

図Ⅱ.1.3　フック弾性体とニュートン粘性体の応力 - ひずみ曲線（ひずみ速度一定）

一方でニュートン粘性体では，ひずみ速度により応力が変化する。実際の測定では，ひずみを一定速度で徐々に変化させたときの応力の変化を測定するため，ひずみ速度の選択・統一は，応力 - ひずみ曲線を論じる上で重要である。ひずみ速度が一定であれば応力はひずみの大きさに関わらず一定となり，「硬い」材料ほど大きな応力を示す。また，ひずみ速度が十分に遅い場合では，応力は0に近づく。

実際の材料では，弾性体と粘性体の性質をあわせ持つため，より複雑な応力 - ひずみ曲線を描く（図Ⅱ.1.4）。この曲線では，初期のひずみが小さい領域では直線的に伸びている。この領域では，材料はフック弾性体としてふるまい，ひずみを除くと元のかたちに戻ることができる。この領域の変形は**弾性変形**（elastic deformation）と呼ばれる。さらにひずみを加えると曲線が折れ曲がり，応力の低下が観察される。この折れ曲がり点は**降伏点**（yielding point）（上部降伏点，下部降伏点），上部降伏点

での応力は**降伏強さ**（yield strength）と呼ばれ，一般にひずみを除いたときに材料が元のかたちに戻るか否かの境界となる。これ以降グラフは曲線的に描かれるが，この領域の変形はひずみを除いても元のかたちには戻らない。材料の粘性体としての一面である。このような変形は**塑性変形**（plastic deformation）と呼ばれ，応力を除いても残るひずみを**永久ひずみ**（permanent strain）と呼ぶ。さらに加えるひずみを大きくし続けると材料は最終的に破断し（**破断点**（fracture point）），曲線は完結する。曲線上の応力の最大値は**引張強さ**（ultimate strength）と定義され，応力による破壊に耐える強さの指標となる。

明確なグラフ折れ曲がりによる降伏が観測されない場合は，傾きが変化を始める点が降伏点となる。高分子材料には，明確な降伏が観測されず弾性変形と塑性変形の境界が曖昧なものも多い。

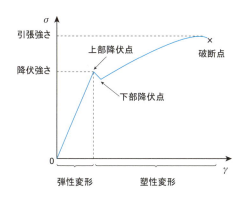

図 II.1.4　降伏を示す材料の応力 - ひずみ曲線の例

靭性は，塑性変形から破断に至るまでに材料に加えるエネルギーで見積もる。応力‐ひずみ曲線から示される面積は，単位体積あたりのエネルギーに相当するので，降伏点から破断点までの面積を求めることで，靭性を評価することができる。

1.5　応力緩和とクリープ

応力緩和（stress relaxation）とは，材料に同じひずみをかけ続けたときに応力が時間とともに小さくなる（緩和される）現象を指す。材料の応力緩和を実感できる身近な例の1つは，電気ケーブル類をコイル状に巻いたときであろう。ケーブルを巻いた直後は，元のかたちに戻ろうとする応力が働くため，しばらく押さえつけておく必要があるが，次第に

力をかけなくてもコイルの状態を保持できるようになる。このような現象はフック弾性体やニュートン粘性体にはみられず，弾性体と粘性体の両方の特徴をあわせ持つ粘弾性体に特有のものである。

　図II.1.5に，フック弾性体，ニュートン粘性体および応力緩和を示す粘弾性体に一定のひずみをかけたときに生じる応力の時間変化を模式的に示す。フック弾性体では，ひずみに対して一定の応力が発生し，時間変化は生じない。ニュートン粘性体では，ひずみをかけた瞬間に無限大の応力が発生し，すぐに応力のない状態となる。これに対して応力緩和を示す粘弾性体では，一般的に応力が時間とともに指数関数的に減少するようなグラフとなり，応力が持続する弾性体とひずみをかけた直後に応力がゼロになる粘性体の中間的な挙動を示す。

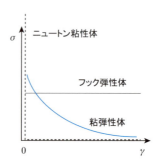

図II.1.5　一定ひずみに対する応力の時間変化

　クリープ（creep）は，一般的な単語としては「這う」，「そっと歩く」といった意味を持つが，材料力学の分野では，継続的な応力のもとでひずみが時間経過とともに増大する現象を指す。しかしながらクリープという用語は，粘性体の典型的な性質を示すものではなく，剛体や弾性体の性質を期待して適用された材料が，意図に沿わず粘性体の性質を発現してしまうような状況で用いられる。もし身近に，あるいは旅行先で古い家屋のガラス窓に接する機会があれば，ガラスの厚さをよく観察してみてほしい。ガラスの下部が他の部分に比べて厚くなっていれば，重力によるクリープが生じている可能性が高い。

　図II.1.6に，フック弾性体，ニュートン粘性体およびクリープを示す粘弾性体に一定の応力をかけたときに生じるひずみの時間変化を模式的に示す。フック弾性体では，応力に対して一定のひずみが発生し，時間変化は生じない。ニュートン粘性体では，ひずみは時間とともに直線的に増大し，傾きは粘度の逆数に比例する。クリープを示す粘弾性体では一般的に，変形初期でひずみ速度が次第に緩やかになる**遷移クリープ**

(transient creep)(1次クリープ (primary creep))，ひずみ速度が一定となる**定常クリープ** (steady-state creep)(2次クリープ (secondary creep))，ひずみ速度が徐々に速くなる**加速クリープ** (accelerating creep)(3次クリープ (tertiary creep))を経ながら逆S字カーブを描き，最終的には破断に至る。

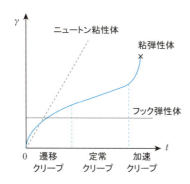

図 II.1.6　一定応力に対するひずみの時間変化

1.6　粘弾性体の力学モデル

粘弾性体の挙動を力学的に考察する場合は，その力学特性をフック弾性体の要素とニュートン粘性体の要素を組み合わせて近似した力学モデルを仮定する必要がある。最も単純な粘弾性体の力学モデルは，これらを直列に繋いだ **Maxwell(マクスウェル)モデル**と，並列に繋いだ **Voigt(フォークト)モデル**である。各要素はそれぞればねとダッシュポットの概念図で表され，Maxwell モデルと Voigt モデルは図 II.1.7 のように表現される。

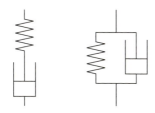

図 II.1.7　Maxwell モデル(左)と Voigt モデル(右)

Maxwell モデルに，一定のひずみを与えたときを考えよう。ひずみを加えた直後は，急激なひずみに対してダッシュポットは応答できず，ひずみはすべてばねのひずみに充てられる。それ以降は，ばねのひずみによる応力によりダッシュポットがひずんでいく。最終的にはひずみはダッシュポットによるもののみとなり，応力はゼロとなる。全体のひず

みはばねとダッシュポットの伸びを加えたものに等しく（$\gamma = \gamma_s + \gamma_d$），両者にかかる応力は等しい（$\sigma = \sigma_s = \sigma_d$）ので，ひずみの時間変化を数式で示すと

$$\frac{d\gamma}{dt} = \frac{1}{E}\frac{d\sigma}{dt} + \frac{\sigma}{\eta} = 0 \tag{II.1.11}$$

となる。加えたひずみを γ_0 としてこの微分方程式を解くと

$$\sigma = \gamma_0 E \exp(-t/\tau), \tau = \eta/E \tag{II.1.12}$$

が得られ，図 II.1.8 のようなグラフで表すことができる。このグラフからもわかるように，Maxwell モデルは**粘弾性体の応力緩和をよく表現するモデル**である。ここで粘度と弾性率の比である時定数 τ は**緩和時間**（relaxation time）と呼ばれ，応力緩和に要する時間の尺度に対応する。

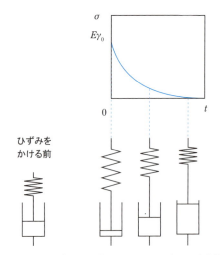

図 II.1.8 一定ひずみに対する Maxwell モデルの応力緩和

対照的に，Voigt モデルは粘弾性体の**遷移クリープをよく表現するモデル**である。Voigt モデルに一定の応力を加えると，ばねのひずみが少ない段階では応力はダッシュポットにより多く割り当てられるが，ばねのひずみが大きくなるに従い応力はばねに多く配分されるようになり，ひずみの速度も次第にゆっくりとなる。最終的には，応力とばねのひずみがつりあう位置で停止する。このとき全体にかかる応力は，ばねとダッシュポットそれぞれにかかる応力の和に等しく（$\sigma = \sigma_s + \sigma_d$），両者のひずみは等しい（$\gamma = \gamma_s = \gamma_d$）ので，応力とひずみの関係は

$$\sigma = E\gamma + \eta\frac{d\gamma}{dt} \tag{II.1.13}$$

となる。応力は一定（$\sigma = \sigma_0$）としてこの微分方程式を解くと

$$\sigma = \frac{\sigma_0}{E}\{1 - \exp(-t/\tau)\}, \tau = \eta/E \qquad \text{(II.1.14)}$$

が得られ，図 II.1.9 のようなグラフで表すことができる。ここでの時定数 τ は**遅延時間**（delay time）と呼ばれ，クリープに要する時間の尺度に対応する。

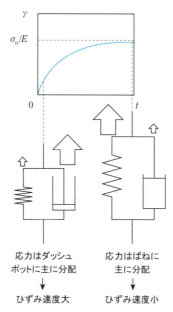

図 II.1.9　一定応力に対する Voigt モデルの遷移クリープ

これらの 2 要素を用いたモデルは，応力緩和と緩和クリープを個別に表すことができるが，応力緩和もクリープも生じるような，すなわち現実の粘弾性体により近い性質を表現することはできない（章末問題 問 II.1.5 を参照）。より現実的な粘弾性体の特性を表現するためには，3 要素以上を組み合わせた力学モデルを検討する必要がある（図 II.1.10）。

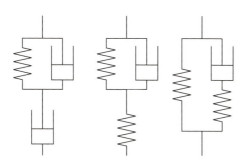

図 II.1.10　3 要素モデルの一例

また，本項では力学モデルのイメージ把握を容易にするため，単純伸長を扱った。そのため，弾性体要素の記述にヤング率 E を用いたが，一般的な粘弾性体の力学応答の評価は，ずり応力をかけて行う場合も多い。その場合はヤング率 E の代わりにずり弾性率 G を用いて式を記述する。

1.7　ゴム弾性

この章ではここまでに一般的な粘弾性体の特性を学んできたが，最後に高分子の構造とその機械的性質の関係を紹介していきたい。その中でも，弾性的な性質を示す高分子材料である**ゴム**（gum, rubber）について，力学的観点から検討してみよう。

ゴムという言葉は，当初は植物の樹液から作られる弾性材料を指した。特にゴムノキの樹液は微粒子状の *cis*- ポリイソプレンを含む乳液（ラテックス）であり，生活および産業で広く用いられるゴムの原料として重要な位置を占める。ゴムノキの樹液に酢酸などの酸を加えると微粒子が凝析し，*cis*-ポリイソプレンの塊が得られる。ゴムノキなどの樹液より作られるゴムは，化学合成によって作られるものと区別して，**天然ゴム**（natural rubber）と呼ばれる。これに対し，合成モノマーの重合により得られる弾性材料は**合成ゴム**（synthetic rubber）と呼ばれ，ポリブタジエン，スチレン - ブタジエン共重合体，アクリロニトリル - ブタジエン共重合体，ポリウレタン，シリコーン樹脂からなるものが代表的である。

ゴムは金属や他の高分子からなる材料と比較して，極めて大きなひずみに対しても弾性変形できるという特異な性質を有している。例えば，金属のつるまきばねは元の長さの何倍も伸び縮みできるように見えるが，材料自体のひずみは大きいものではない。軟鋼のヤング率は約 200 GPa であるのに対し，降伏強さは約 200 MPa であるから，0.001 程度のひずみで降伏が起きてしまう。これに対して市販の輪ゴムなどは，元の長さの何倍も弾性的に伸ばすことができる。その一方で，同じ高分子からなる材料でも ABS 樹脂，PET 樹脂などのいわゆる「プラスチック」や，ポリエチレンの袋にはこのような性質は見られない。この性質の違いを理解するためには，高分子鎖の運動と構造について考える必要がある。

ゴムのような状態（＝**ゴム状態**（rubbery state））と「プラスチック」状態（＝**ガラス状態**（glassy state））の違いは，分子運動の観点では**ミクロブラウン運動**（micro-Brownian motion）の有無である。次章で詳説するが，ミクロブラウン運動は高分子鎖の主鎖の回転運動や振動に相当

し，分子鎖の重心は移動しないような運動である．ガラス状態ではミクロブラウン運動は起こらずに分子鎖の動きが大きく制限されるため，急激に変形させるためには高分子鎖間に作用する分子間力に打ち勝ち，これらの結合を切断する必要があるが，ゴム状態では分子鎖間の分子間力による制限があるものの，高分子鎖の重心が移動しない範囲で，比較的自由にかたちを変えることができる．ミクロブラウン運動に対して，重心の移動を伴い，流動を可能とするような高分子鎖の運動は**マクロブラウン運動**（macro-Brownian motion）と呼ばれる．ガラス状態ではミクロブラウン運動もマクロブラウン運動も生じないが，一般的に温度を上げるとまずミクロブラウン運動が生じてゴム状態となり，さらに温度を上げるとマクロブラウン運動も発生して流動性を示すようになる．

しかし，ミクロブラウン運動だけでは多少の弾性変形が起こる理由を説明できても，「極めて大きなひずみから元のかたちに戻ることができる」というゴムの特徴を説明することができない．大抵の材料の場合，分子鎖間の分子間力が大きなひずみに耐えられず，塑性変形となってしまうからである．また，分子鎖間の結合が分子間力によるもののみであると，力学特性は温度に大きく依存してしまい，材料としては扱いづらい．これらの問題を解決するためには，高分子鎖同士をより強力に，かつ温度依存性が低い状態で結合させる必要がある．

この現象の具体例として天然ゴムをとり上げる．ゴムノキの樹液を凝析して固めただけの材料は**生ゴム**（crude rubber, raw rubber）と呼ばれ，*cis*-ポリイソプレンの分子鎖同士が分子間力のみにより結合されている状態であるが，この状態では上述のように大きなひずみに耐えられず，材料特性の温度依存性も大きい．ここで生ゴムに硫黄を適度に混入（**加硫**（vulcanizing））すると，図 II.1.11 のように *cis*-ポリイソプレンの分子鎖同士が硫黄により化学的に架橋され，大きなひずみに対しても弾性変形できるようになる．また，加硫の度合い（加硫密度）はゴムの物性に大きな影響を与え，過剰な加硫はゴムを次第に硬くしていく．エボナイトと呼ばれる樹脂は，生ゴムに対して 30〜40% に及ぶ大量の硫黄により長時間加硫を施したもので，高い機械的強度や耐薬品性を有する上に，黒檀に似た黒い光沢と上品なさわり心地を持つため，装飾具や万年筆の軸，木管楽器のマウスピースなどに用いられている．なお，加硫という用語は，従来は *cis*-ポリイソプレンに硫黄を加えて架橋させることを示したが，今日では用語の意味が一般化され，ゴム状態の高分子鎖に架橋剤を加えて化学的に架橋させること全般を指している．

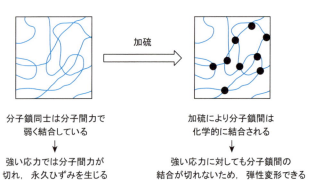

図 II.1.11 天然ゴムの加硫による分子鎖間の結合の生成

　加硫したゴム中における架橋点間の高分子鎖は，応力が作用しない状態では一般的に糸鞠状になっており，ここに伸長の応力が作用すると引き延ばされたようなかたちとなる（図 II.1.12）。両者の分子鎖の広がりを比較した場合，前者の糸鞠状の方がとりうる分子鎖構造の状態の数が多い（エントロピーが高い）ため安定である。ゴム弾性の由来はこのようなエントロピーの増大によるものであり，したがってエントロピー減少を伴うゴムの伸長は発熱的である。また，ゴムの温度が高くなると，高分子鎖のミクロブラウン運動がより活発になるため，とりうる状態の数の差が大きくなり，結果としてゴムが高弾性になる。このようなエントロピーの増大傾向が駆動力となり生じる弾性を「**エントロピー弾性**」と呼ぶ。これとは対照的に，金属ばねの弾性は金属結合の結合エネルギーに由来するため，ばねの伸長（原子間の距離を大きくする）は吸熱的である。ばねの温度を高くすると原子の運動が活発になり結合エネルギーが低下するため，低弾性になる（**エンタルピー弾性**）。

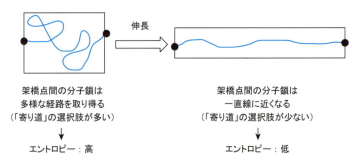

図 II.1.12 加硫ゴムにおける架橋点間の分子鎖の状態

　合成ゴムは原料となるポリマーを幅広く選択でき，目的に合わせた原料合成も可能であるので，その力学特性はさらに多様である。例えば，

スチレン-ブタジエンゴム（SBR: styrene butadiene rubber）を構成する高分子鎖は，ゴム弾性を示すポリブタジエンの分子鎖を，結晶性を示すポリスチレンの分子鎖で挟んだABA型ブロック共重合体である。SBRは高温化ではポリスチレン，ポリブタジエンの両成分ともに流動性を示すが，使用温度範囲ではポリスチレンとポリブタジエンが分子鎖のスケールで相分離（ミクロ相分離，microphase separation）し，結晶性のポリスチレン部分が架橋点の役割を果たすため，射出成形，押出成形等によりゴム弾性を有する材料を成型することが可能である。このような加熱による塑性加工が可能な弾性材料は**熱可塑性エラストマー**（thermoplastic elastomer）と呼ばれる。また，有機高分子だけでなくポリアルキルシロキサンのような無機成分を主鎖とする無機高分子も合成ゴムの原料として有用であり，高い耐熱性，難燃性等，有機高分子には見られないさまざまな特性を有する合成ゴムを合成することができる。

章末問題

問 II.1.1 以下の物理量の単位をSI単位系で答えなさい。無次元量の場合はその旨を答えなさい。

1) 応力
2) ひずみ
3) ヤング率
4) 粘度
5) ばね定数
6) 時定数 $\tau = \eta/E$

問 II.1.2 各辺が l_1, l_2 および l_3 である直方体の材料を，l_3 方向に単純伸長した。伸長後，l_3 方向のひずみは γ_3 であり，体積変化は生じなかった。このとき伸長後の材料の l_3 に垂直な断面積を，l_1, l_2 および γ_3 を用いて示しなさい。

問 II.1.3 直方体のニュートン粘性体のずり変形において，変形の傾き θ を $\theta = \omega t$ で時間変化させるとき，必要な応力の時間変化を示しなさい。

問 II.1.4 図の応力-ひずみ曲線に示す材料の中で，以下の特性が最も高い（大きい）ものを選びなさい。

1) 弾性変形のヤング率
2) 降伏強さ
3) 引張強さ

4) 破断直前の永久ひずみ
5) 靭性

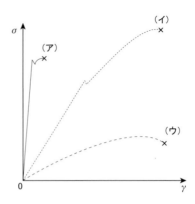

問 II.1.5 Maxwell モデルに一定応力をかけ続けたときのひずみの時間変化をグラフで示しなさい。また，Voigt モデルに一定のひずみをかけ続けたときの応力の時間変化をグラフで示しなさい。

問 II.1.6 定常クリープを表す力学モデルの例を示しなさい。

問 II.1.7 時定数 $\tau = 100$ [s] の Maxwell モデルに一定ひずみをかけたとき，応力がひずみをかけた直後の 1/2 になるまでに要する時間を求めなさい。ただし，$\ln 2 = 0.693$ とする。

問 II.1.8 ゴム弾性を有する材料は，大きな力学的衝撃を与えても変形してしまうため破壊するのが困難であるが，このような材料を粉砕して粉末状に加工したいときはどのような操作を行えばよいか簡潔に答えなさい。

問 II.1.9 以下の文は天然ゴムの加硫による力学特性の変化を説明するものである。（ ）内の用語で適切な方を選択しなさい。

2つの力学要素を組み合わせた力学モデルのうち，ゴム弾性の性質をより適切に表すのは（Maxwell・Voigt）モデルである。天然ゴムに対する加硫の度合いを大きくすると，この力学モデルの弾性体部分の弾性率は（大きく・小さく），粘性体部分の粘度は（大きく・小さく）なると考えられる。

2 高分子材料の熱的性質

> **この章での学習目標**
> ① 高分子材料の温度による状態変化について理解できる。
> ② 高分子鎖の構造や運動挙動と材料の性質との関係が理解できる。

2.1 低分子物質の温度と状態変化

　常温で固体状態の物質に熱を加えると，温度の上昇に伴って体積が徐々に増加（連続的に膨張）し，融点に達すると液体状態に変化する。さらに，液体状態の物質に熱を加えると温度の上昇に伴って連続的に膨張し，沸点に達すると気体状態に変化する。このような温度変化に伴う物質の体積や状態の変化は，物質を構成している粒子（原子・分子）が持っている運動エネルギー E_k とポテンシャルエネルギー E_p の大小関係によって理解することができる。

　E_k は絶対温度 T に比例するため（式(II.2.1)），物質に熱を加えて温度を上昇させると粒子は激しく動き回るようになる。

$$E_k \propto kT \quad (k: \text{Boltzmann 定数}) \tag{II.2.1}$$

E_p は粒子間距離 r によって値が変わり，特定の距離 r^* において極小値 $-e^*$ を示す（図 II.2.1）。r が r^* より長くなっても短くなっても E_p が増加するため，隣接粒子は互いに r^* だけ離れた位置に戻ろうとする。

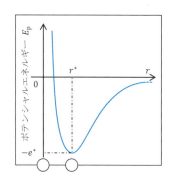

図 II.2.1　粒子間ポテンシャルエネルギー E_p

「隣接粒子が互いに r^* だけ離れた位置に戻ろうとする」理由を，「粒子間ポテンシャルエネルギー」ではなく「粒子間力」に置き換えて説明すると，「r が r^* より短くなると粒子間斥力が作用し，長くなると引力が作用するため，隣接粒子は互いに r^* だけ離れた位置に戻ろうとする」となる。「力」と「エネルギー」の関係は，ばねの力 f とエネルギー E の関係を思い出してもらえば理解しやすい（式(II.2.2) および (II.2.3)）。

$$f = -ax \quad (a: \text{ばね定数}, \ x: \text{伸縮長さ}) \tag{II.2.2}$$

$$E = \frac{1}{2}ax^2 \tag{II.2.3}$$

伸ばしたばねが縮んで元に戻ろうとする理由を「力」で説明すると，「x の値が大きいほど縮もうとする力が強くなるため，元の長さに戻ろうとする」となり，「エネルギー」で説明すると，「x の値が大きいほどばねのエネルギーが高くなるため，エネルギーの低い元の長さに戻ろうとする」となる。力とエネルギーの式を比較すると，エネルギーのグラフの傾きに負の符号をつけると力になることがわかる（式(II.2.4)）。

$$f = -\frac{dE}{dx} \tag{II.2.4}$$

運動エネルギーの値 $|E_k|$ が粒子間ポテンシャルエネルギーの極小値 $|-e^*|$ より十分小さいとき，隣接粒子は距離 $r^* \pm \Delta r$ の範囲内で振動運動する（図 II.2.2(a)）。このとき隣接粒子どうしは強い力で束縛し合っており，互いに移動（並進運動）することができないため，物質は固体状態になる。

固体状態には，結晶状態と非晶状態がある。結晶状態では粒子が長距離にわたって規則的に配列しており，隣接粒子間距離は固体全体にわたってほぼ等しいのにたいして，非晶状態では粒子配置に長距離にわたる規則性がなく，隣接粒子間距離の値はばらついている。また，結晶状態の平均隣接粒子間距離は r^* に近い値をとるのにたいして，非晶状態の平均隣接粒子間距離は r^* よりわずかに長くなっており，非晶状態は結晶状態より E_p がわずかに高い状態で並進運動が停止していることになる。したがって，温度が少し上昇して粒子がわずかに並進運動することができるようになると，E_p の低い結晶状態に変化することがある。

固体に熱を加えて E_k を増加させると，振動運動することができる範囲が徐々に広がる（図 II.2.2(b)）。粒子間斥力より粒子間引力の方が弱いため，温度の上昇とともに平均隣接粒子間距離が長くなり，連続的に膨張する。$|-e^*|$ に比べて $|E_k|$ がある程度大きくなると，粒子間引力が弱くなって粒子どうしの束縛が緩むため，互いに並進運動することが

できるようになる。これは，固体の温度が上昇して融点に達すると融けて液体になるという現象に対応している。

液体に熱を加えてE_kを増加させると，温度の上昇とともに平均隣接粒子間距離が長くなり，連続的に膨張する。$|E_k|$が$|-e^*|$と同程度以上の大きさになると粒子間引力がほとんど作用しない距離まで運動範囲が広がるため（図 II.2.2(c)），粒子は互いに無関係に並進運動することができるようになる。これは，液体の温度が上昇して沸点に達すると沸騰して気体になるという現象に対応している。

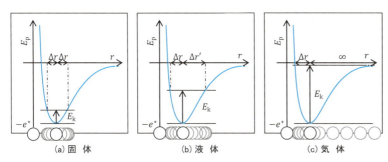

図 II.2.2　粒子間ポテンシャルエネルギーE_pと運動エネルギーE_k

一般に，物質に熱が加えられると，温度が上昇してE_kが増加するとともに，平均隣接粒子間距離が長くなりE_pも増加する。全粒子のE_kとE_pをそれぞれΣE_kとΣE_pであらわし，両者の和を内部エネルギーUと定義すると（式(II.2.5)），内部エネルギー変化ΔUは，物質が吸収した熱qと物質になされた仕事wの和に等しいという関係が成り立つ（式(II.2.6)）。

$$U = \Sigma E_k + \Sigma E_p \tag{II.2.5}$$
$$\Delta U = q + w \tag{II.2.6}$$

少し具体的な例を示すと理解しやすい。大気圧下（圧力P一定）で物質が熱を吸収した（$q > 0$）とき体積Vが増加した（$\Delta V > 0$）とすると，物質が大気圧に逆らって周りの空気を押す仕事（$P\Delta V$）をしてエネルギーを使ったことになるため，吸収した熱から仕事を引いたぶんだけ物質の内部エネルギーが増加（$\Delta U > 0$）することになる（式(II.2.7)）。

$$\Delta U = q - P\Delta V \tag{II.2.7}$$

2.2　高分子鎖の運動

高分子は原子が多数結合して鎖状になっているため，互いに絡み合った状態で存在している。したがって，高分子鎖は自由に並進運動（**マク**

ロブラウン運動（macro-Brownian motion））することができず，主鎖に沿った方向には運動しやすいが，主鎖に対して垂直方向には運動しにくい状況にある。

多くの高分子鎖では，主鎖を構成する原子は単結合で結ばれており，単結合は結合軸まわりに回転することができるため，マクロブラウン運動することができない状態であっても，高分子鎖の一部分が振動運動や回転運動（**ミクロブラウン運動**（micro-Brownian motion））することができる。

高分子固体にはマクロブラウン運動もミクロブラウン運動も停止した状態と，マクロブラウン運動だけが停止した状態がある。両運動が停止した高分子固体に熱を加えてE_kを増加させると，まずミクロブラウン運動が始動し，さらにE_kを増加させるとマクロブラウン運動が始動する。

2.3 高分子の固体

高分子固体中における高分子鎖には，結晶状態と非晶状態がある。高分子鎖の結晶状態とは，主鎖を構成する原子が長距離にわたって規則的に配列している状態で，高分子鎖は比較的伸びた形状をしている（図II.2.3）。1本の高分子鎖が折れ曲がって原子が配列している場合と，隣接する高分子鎖の原子が配列している場合がある。高分子鎖の非晶状態とは，主鎖を構成する原子が長距離にわたって規則的に配列していない状態で，高分子鎖は折れ曲がった形状をしている。

高分子鎖の一部分が結晶化しても，ほかの部分が隣接高分子鎖と絡み合っていて結晶化できなかったり，高分子鎖の両端が別々の領域で結晶化して中央部分が結晶化できなかったりするため，1本の高分子鎖全体が結晶状態になることはほとんどない。**結晶性高分子**（crystalline polymer）と呼ばれる材料においても，結晶領域と非晶領域が共存して

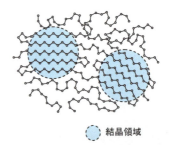

図II.2.3　高分子鎖の結晶領域と非晶領域の共存状態

いる。これに対して、どのような条件においても結晶状態にならない高分子を**無定形高分子**（amorphous polymer）と呼ぶ。

主鎖を構成する原子が主に単結合で結ばれている高分子鎖は、柔軟に折れ曲がることによって原子同士が接近し、隣接原子間ポテンシャルエネルギーが低い値をとることができるため、結晶化しやすい。主鎖に多重結合や環状分子が含まれている場合や、主鎖に大きな（かさ高い）側鎖が結合していると、主鎖の柔軟性が減少するため結晶化しにくくなる。側鎖がついていても側鎖のつき方に規則性がある場合は、主鎖がらせん構造をとって形状が直線的になることで原子どうしが接近できるようになり、結晶化することがある。例えば、側鎖にメチル基が結合しているポリプロピレンの場合、メチル基の結合位置に規則性のあるアイソタクチックおよびシンジオタクチックポリプロピレンは結晶化するが、規則性のないアタクチックポリプロピレンは結晶化しない。

結晶領域と非晶領域では原子密度が異なるため、高分子材料の密度を測定することで結晶領域の割合（**結晶化度**（crystallinity））を知ることができる。また、結晶領域と非晶領域では光の屈折率が異なり、非晶領域中に結晶領域が混在すると高屈折率の結晶領域が光を散乱するため、白濁した（不透明な）高分子固体になる。高分子固体全体が非晶状態のとき、全体が同じ屈折率になるため透明になる。ポリスチレン（PSt）やポリメチルメタクリレート（PMMA），ポリカーボネート（PC）などの無定形高分子は、透明な高分子材料として日常的に用いられている。結晶性高分子材料でも、結晶領域のサイズが可視光の波長（400～760 nm）より小さいと、可視光を散乱しないため透明になる。

2.4 高分子固体の機械的性質の温度変化

低温においてマクロブラウン運動およびミクロブラウン運動とも停止した状態では、高分子材料は硬い固体になる。高分子材料に弱い力を加えて小さく変形すると、隣接原子間距離が長くなってE_Pが増加する。弱い力を取り除くと低いE_Pの状態に戻ろうとして隣接原子間距離が短くなる。すなわち、変形が元に戻る。E_Pの減少に伴って変形が戻る性質を**エンタルピー弾性**（enthalpic elasticity）と呼ぶ。

エンタルピーは次のように定義される量である。Pが一定のときのΔUの式（II.2.7）をみると、物質に熱qを加えて状態変化を引き起こしたとき、内部エネルギーと仕事の和が変化することがわかる（式（II.2.8））。

$$q = \Delta U + P\Delta V \tag{II.2.8}$$

どちらがどれくらい変化するのか特定できないので，これらをまとめて ΔH という変化量として定義し（式(II.2.9)），H をエンタルピーと呼ぶ（式(II.2.10)）。

$$\Delta H = \Delta U + P\Delta V \tag{II.2.9}$$
$$H = U + PV \tag{II.2.10}$$

状態変化に伴って発熱（$q < 0$）したり吸熱（$q > 0$）したりしたとき，「物質に出入りした熱に等しい量のエンタルピーが変化した」という使い方をする。また，温度・体積一定（$\Delta T = 0$，$\Delta V = 0$）の条件下で物質を変形した場合，ΔH はポテンシャルエネルギー変化 $\Delta \Sigma E_\mathrm{p}$ に等しくなる（式(II.2.11)）。

$$\Delta H = \Delta U + P\Delta V = (Nk\Delta T + \Delta \Sigma E_\mathrm{p}) + P\Delta V = \Delta \Sigma E_\mathrm{p} \tag{II.2.11}$$

N：全粒子数

したがって，E_p の減少に伴って変形が戻る性質をエンタルピー弾性と呼ぶ。上式によると，変形過程において E_p が増加（$\Delta \Sigma E_\mathrm{p} > 0$）したとき $q > 0$（吸熱）となるため，エンタルピー弾性を示す高分子材料は，変形過程で周囲から熱を吸収することがわかる。逆に，変形が戻る際には熱を放出（発熱）する。

結晶領域中にある原子は非晶領域よりポテンシャルエネルギーが低い状態にあるため，隣接原子間距離を同じ長さだけ引き離すのにより多くのエネルギーを必要とする。これは，同じ量だけ変形するのに強い力を要することに対応しており，一般に結晶性高分子材料のほうが非晶性高分子材料より硬いということができる。また，高分子固体に強い力を加えて大きく変形すると，原子間結合が切断されて高分子固体は破断する。結晶領域内では高分子鎖の密度が高く，加えた力が多くの高分子鎖に分散されるため原子間結合が切断されにくいのに対し，非晶領域内では高分子鎖の密度が低いため，加えた力を数少ない高分子鎖で受けてしまうため原子間結合が切断されやすい。したがって，結晶領域と非晶領域が混在する高分子材料では，非晶領域を伝播するように亀裂が入って破断することが多い。合成高分子の繊維やフィルムなどの製造過程では，結晶化度の低い結晶性高分子固体を一方向に延伸し，高分子鎖の方向を揃えて結晶化度を高めることで破断しにくくする方法が採用されている。

高分子鎖の密度が低い非晶領域では，高分子鎖間に隙間が多いうえ，比較的折れ曲がった形状をしているため，材料に瞬間的な力（衝撃力）を加えると，高分子鎖がばねのように振動して力を吸収することができる。一般に，非晶性高分子材料のほうが，結晶性高分子材料より耐衝撃

性が高いといえる。

温度が上昇してミクロブラウン運動が始動すると，高分子材料は柔らかい固体となる（**ゴム状態**（rubbery state））。ゴム状態の固体中では，結晶領域や絡み合い点によって高分子鎖間が物理的に架橋されているためマクロブラウン運動は停止している。しかし，ミクロブラウン運動している非晶領域の高分子鎖は容易に伸びることができるため，ゴム状態の固体を大きく変形しても高分子鎖が切断されにくい。高分子鎖が伸びた状態は，とりうる高分子鎖の形の数（状態数 W）が少ないため（図II.2.4），折れ曲がった状態よりエントロピー S が低い。したがって，ゴム状態の高分子固体を変形すると高分子鎖が伸びて S が減少する。熱力学の法則により，S が増加する方向に状態変化しやすいため，変形したゴム状態の高分子固体は元の形に戻る。S の増加に伴って変形が戻る性質を**ゴム弾性**（rubber elasticity）または**エントロピー弾性**（entropic elasticity）と呼ぶ。

エントロピー S は式（II.2.12）で定義される量で，乱雑さの程度をあらわす熱力学量である。

$$S = k \ln W \qquad (\text{II}.2.12)$$

また，エントロピー変化 ΔS と熱の間には式（II.2.13）が成り立つ。

$$\Delta S = \frac{q}{T} \qquad (\text{II}.2.13)$$

温度一定の条件下においてゴム状態の高分子固体を変形すると，S が減少（$\Delta S < 0$）し $q < 0$ となるため，発熱することがわかる。

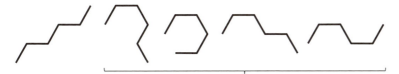

伸びた状態（状態数1）　　　折れ曲がった状態（状態数4）

図 II.2.4　二次元高分子鎖モデルにおける状態数の違い

（二次元高分子鎖モデル：結合数5，隣接結合角一定，各隣接結合は結合軸を中心とした回転運動により2状態 ⌐, ⌐ をとることができる。）

2.5　高分子の液体とガラス転移

結晶領域が架橋点になっているゴム状態の高分子固体に熱を加えると，特定の温度（融点 T_m）に達したとき，高分子鎖のマクロブラウン運動が始動して液体状態になる。一般に高分子鎖は分子量が大きいため，さらに E_k が高くなっても空間を飛び回ることができず，気体状態には

ならない。空間を飛び回るのに必要な E_k を獲得する前に，加えた熱によって結合が切断されることが多いためである。

　無定形高分子の液体を冷却すると，特定の温度に達したときマクロブラウン運動もミクロブラウン運動も停止して，全体が非晶（ガラス）状態の固体になる（図 II.2.5(a)）。この温度を**ガラス転移温度** T_g (glass transition temperature) と呼ぶ。また，結晶性高分子の液体を急速に冷却すると，高分子鎖が移動して結晶化する時間がないため，T_g に達したとき全体がガラス状態の固体になる（図 II.2.5(b)）。ガラス状態は結晶状態より E_p が少し高い状態にあるため，ゆっくり昇温してわずかにマクロブラウン運動できるようにすると，T_g 以上の温度で E_p の低い結晶領域が発生して白濁することがある。透明な容器として用いられているポリエチレンテレフタレート（PET）は結晶性高分子であるが，容器の形状のまま急冷されてガラス状態になっているため，ゆっくり昇温すると白濁する。

　結晶性高分子の液体をゆっくり冷却すると，特定の温度（凝固点 T_f）で局所的に結晶化するため，マクロブラウン運動が停止してゴム状態に

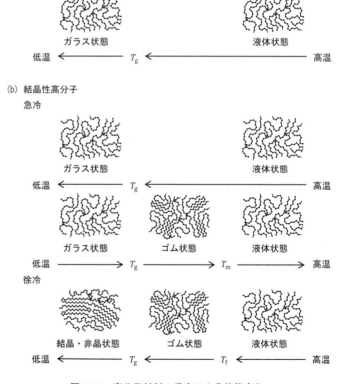

図 II.2.5　高分子材料の温度による状態変化

なる．さらに冷却すると，T_g に達したとき，ミクロブラウン運動が停止して結晶領域と非晶領域が混在した硬い固体になる．

硬い高分子固体を柔らかくするために，温度を上げるのではなく**可塑剤**（plasticizer）を添加する方法がある．可塑剤は高分子鎖間に入り込み，隣接原子間距離を長くして高分子鎖が運動しやすい状態にする役目を果たす．可塑剤が混在すると，冷却時に高分子鎖の運動が停止しにくくなるため T_f や T_g が下がり，常温で硬い固体をゴム状態にして柔軟な材料に変化させることができる．高分子鎖間に入り込むためには，可塑剤の分子量は低いほうが都合がよいが，分子量が低いと揮発性が高くなり，高分子材料から徐々に抜け出してしまうため，材料の性質の経時変化が起こりやすくなる．可塑剤の分子量が高いと高分子鎖と可塑剤が結晶化しやすくなるため，可塑剤はかさ高い構造であることが望ましい．ポリ塩化ビニル（PVC）を軟質化するために，可塑剤としてフタル酸エステルが多く用いられる．

章末問題

問 II.2.1 図 II.2.1 を参考にして，粒子間斥力より粒子間引力のほうが弱い理由を説明しなさい．

問 II.2.2 r が十分長いときの粒子間引力と，x が十分大きいときのばねの引力の違いについて説明しなさい．

問 II.2.3 原子間ポテンシャルエネルギーがより低いエネルギー状態にあると，隣接原子間距離を同じ長さだけ引き離すのにより多くのエネルギーを必要とする理由を説明しなさい．また，同じ量だけ変形するのにより強い力を要する理由を説明しなさい．

問 II.2.4 両端を固定して長さを一定にしたゴム紐に熱を加えると，両端を引っ張る力が強くなる理由を説明しなさい．

問 II.2.5 可塑剤が高分子鎖間に入り込み，隣接原子間距離が長くなると高分子鎖が運動しやすくなる理由を説明しなさい．

高分子溶液の性質

この章での学習目標
① 高分子溶液の粘度について理解できる。
② 高分子溶液中における高分子鎖のかたちについて理解できる。
③ 高分子溶液の生成過程について理解できる。
④ 高分子溶液の相変化について理解できる。
⑤ 高分子の分子量測定法について理解できる。

3.1　高分子溶液の粘度

　水に砂糖を溶かすと粘度が増加するように，一般に液体に溶質を溶かすと粘度が増加することが多い。液体の粘度 η を定義するために，次のような実験を考える。平行に設置した 2 枚の板の間に液体を挟み，下側の板を固定して上側の板を平行方向に動かしたときの板の速度 U ($\mathrm{ms^{-1}}$) を測定する（図 II.3.1）。

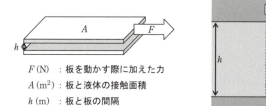

F (N)　：板を動かす際に加えた力
A ($\mathrm{m^2}$)：板と液体の接触面積
h (m)　：板と板の間隔

(a)　　　　　　　　　　　　(b)

図 II.3.1　液体の粘度測定の原理

　η の異なる液体を板に挟んで同じ力を加えたとき，粘度が高い液体のほうが U の値が小さくなることは容易に推測できる。逆に，同じ速度で板を動かそうとしたとき，粘度が高い液体のほうが F の値が大きくなる。したがって，η は U に反比例して F に比例すると考えられる。ただし，同じ液体を使って実験を行っても，板と液体の接触面積 A ($\mathrm{m^2}$)

や板の間隔 h (m) が異なると速度や力の値が変わってしまうため，力を単位接触面積当たりの力（ずり応力 σ，式(II.3.1)）で置き換え，速度を単位間隔当たりの速度 U/h（ひずみ速度 $\dot{\gamma}$，式(II.3.2)）に換算して η を定義する（式(II.3.3)）。

$$\sigma = \frac{F}{A} \text{ (Nm}^{-2}) \tag{II.3.1}$$

$$\dot{\gamma} = \frac{U}{h} \text{ (s}^{-1}) \tag{II.3.2}$$

$$\eta = \frac{\sigma}{\dot{\gamma}} \text{ (Nm}^{-2}\text{s)} \tag{II.3.3}$$

　液体の中に流れを妨げる要因があると板を動かすのにさらに強い力が必要となる。例えば，大きな硬い球が液体中に存在していたとすると，液体が球を押したり，回転させたり，球を迂回して流れたりするため，同じ速度で液体が流れるのに余分な仕事（エネルギー）が必要となる。その余分なエネルギーを液体に供給するため，余分な力を板に加えなければならない。高分子溶液の場合，溶媒が流れるとき高分子鎖を押したり，回転したり，高分子鎖を迂回したりするうえ，高分子鎖の中を通り抜けたり，高分子鎖を引っ張って伸ばしたりするエネルギーが必要となる。また，高分子鎖どうしがからみ合うほど濃厚な溶液の場合，さらに余分なエネルギーが必要となるため，一般に高分子溶液は低分子溶液より粘度が高くなる。

　溶液中の高分子鎖数が同じであれば，高分子鎖の分子量が大きいほど粘度が高くなる傾向がある。また，高分子鎖数も分子量も同じであれば，高分子鎖が大きく広がっているほど粘度が高くなる。この関係を利用すると，高分子溶液の粘度を測定することで，高分子鎖の分子量や広がり具合を知ることができる。

　液体を挟んだ板を動かして粘度を測定する方法以外に，円筒形の管の中に液体を入れて流動させる方法がある（図II.3.2）。これを，毛細管粘度測定法と呼ぶ。

　毛細管の中心線に沿って一定の距離 L だけ離れた 2 点間に圧力差 ΔP (Nm^{-2}) を設けると，ΔP に応じた力が液体に加わり，圧力の高い方から低いほうに向かって流動する（図II.3.2(a)）。このとき，毛細管の中心の速度が最も速く，中心から内壁に近づくにつれて放物線状に速度が遅くなり，毛細管の内壁と接触している液体の速度はゼロになる（図II.3.2(b)に示した $U(r)$）。

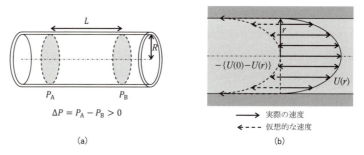

図 II.3.2　円筒形の毛細管内を流動する液体の速度分布

板を移動する実験と対比するため，液体の流動方向とは逆向きの力を作用して毛細管を移動させた場合を仮想的に考えると，毛細管の中心線に沿った液体の速度がゼロで，内壁に近づくにつれて放物線状に液体の速度が速くなることが推測できる。圧力差によって液体に加えられた力の強さと毛細管に加えた力の強さが等しいとき，仮想的な速度分布曲線は $-\{U(0)-U(r)\}$ であらわすことができ，液体の速度分布曲線 $U(r)$ と形状が等しくなるため，板を移動する実験で定義した式を適用して η を求めることができる（式(II.3.4)）。ただし，毛細管に加えた力の方向が逆向きなので負の符号をつけてある。また，$U(r)$ と η の関係から，液体の流量 Q（単位時間あたりに毛細管内を流れる液体の体積 ($m^3 s^{-1}$)）と η の関係を求めると右辺のようになる（右辺の導出過程は問 II.3.2 ～問 II.3.5）。

$$\eta = -\frac{\sigma(r)}{\dot{\gamma}(r)} = \frac{\pi \Delta P R^4}{8LQ} \tag{II.3.4}$$

重力によって液体を流下させる毛細管粘度計（図 II.3.3）では，流下中に液柱の高さが変化するため ΔP が変化し，Q も変化する。測時球の体積が $V(m^3)$ で，液体が流下して測時球（標線（上）から標線（下）まで）

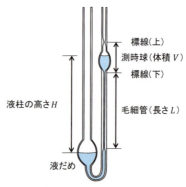

図 II.3.3　オストワルド型毛細管粘度計

を通り過ぎるのに要した時間が t(s) であったとすると，この間に毛細管を流れた液体の平均的な流量 $\bar{Q}$ は測時球の体積を流下時間で割って計算することができる（式(II.3.5)）。液柱の表面が標線（上）を通過したとき液体の流量は $\bar{Q}$ より大きく，標線（下）に達したときには $\bar{Q}$ より小さくなることが推測できるため，液体の流量が $\bar{Q}$ と等しいときの液柱の高さを平均有効液柱高さ $\bar{H}$ と定義し，液体の密度 ρ (kgm^{-3}) と重力加速度 g (ms^{-2}) を用いて平均的な ΔP を計算して（式(II.3.6)）η を求める（式(II.3.7)）。

$$\bar{Q} = \frac{V}{t} \tag{II.3.5}$$

$$\Delta P = \rho \bar{H} g \tag{II.3.6}$$

$$\eta = \frac{\pi \rho \bar{H} g R^4 t}{8LV} \tag{II.3.7}$$

実際に高分子溶液の粘度を測定する際には，$\bar{H}, L, R, V$ などの粘度計の形状に依存する定数を精度よく測定しなくてすむように，純溶媒の粘度 η_0 と高分子溶液の粘度 η の比 η_r（**相対粘度**（relative viscosity）または**粘度比**（viscosity ratio）を求める（式(II.3.8)）。高分子鎖の濃度が低いとき，$\rho \approx \rho_0$ と近似することができるため，純溶媒の流下時間 t_0 と高分子溶液の流下時間 t から求めることができる。

$$\eta_r = \frac{\eta}{\eta_0} = \frac{\rho t}{\rho_0 t_0} \approx \frac{t}{t_0} \tag{II.3.8}$$

高分子鎖の溶解にともなう粘度増加量 $\eta - \eta_0$ の溶媒粘度 η_0 に対する比で定義される**比粘度**（specific viscosity）η_{sp} は，高分子鎖の濃度 c_p (kgm^{-3}) の関数になっていると考えられるため，式(II.3.9) のように c_p の累乗の和であらわすことができる。

$$\eta_{sp} = \frac{\eta - \eta_0}{\eta_0} = \eta_r - 1 = [\eta] c_p + k_1 [\eta]^2 c_p^2 + k_2 [\eta]^3 c_p^3 + \cdots \tag{II.3.9}$$

$k_n : c_p$ の $(n+1)$ 乗の項の係数（k_1 を特に k_H と書いて Huggins 係数と呼ぶ）

$[\eta]$ は単位体積中に高分子鎖が1本溶解したときの比粘度に相当する量で，**固有粘度**（intrinsic viscosity）または**極限粘度数**（limiting viscosity number）と呼ばれ，式(II.3.10) のように定義される。

$$[\eta] = \lim_{c_p \to 0} \frac{\eta_{sp}}{c_p} \quad (\text{kg}^{-1}\text{m}^3) \tag{II.3.10}$$

単位高分子鎖濃度当たりの η_{sp} を**還元粘度**（reduced viscosity）または**粘度数**（viscosity number）と呼び，η_{red} であらわす（式(II.3.11)）。

$$\eta_{red} = \frac{\eta_{sp}}{c_p} = [\eta] + k_H [\eta]^2 c_p + k_2 [\eta]^3 c_p^2 + \cdots \tag{II.3.11}$$

[η] を実験で求めるには, c_p の異なるいくつかの溶液に対して測定した $η_{red}$ を c_p に対してプロットし, $c_p = 0$ に補外すればよい。

数多くの高分子溶液に対して [η] を測定した結果, 高分子の分子量 M_p と特定の関係にあることが明らかとなった (式(II.3.12))。

Mark-Houwink-Sakurada の式

$$[η] = KM_p^a \tag{II.3.12}$$

K, a：高分子と溶媒の組み合わせおよび温度によって決まる定数

a の値が 0.5 ～ 0.8 のとき高分子鎖は折れ曲がって糸まり状になっており, 0.8 ～ 2.0 の範囲では, 値の増加とともに屈曲性が減少し, 剛直な棒状に近づいていくことがわかっている。

3.2 希薄溶液中における高分子鎖のかたち

高分子鎖中に単結合があると, 結合周りに回転することができるため, 高分子鎖は伸びた形や縮んだかたちをとることができる (図II.3.4)。

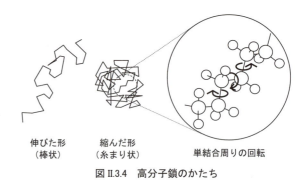

図 II.3.4 高分子鎖のかたち

高分子鎖のひろがりをあらわす指標として**根平均二乗末端間距離** (root-mean-square end-to-end distance) $\langle R^2 \rangle^{1/2}$ と**根平均二乗回転半径** (root-mean-square radius of gyration) $\langle S^2 \rangle^{1/2}$ がよく用いられる。

高分子鎖の形を結合ベクトルであらわしたとき (図II.3.5), R は直鎖状高分子鎖の末端間ベクトルの長さ $|R|$ で (図II 3.5(a)), R^2 はベクトルの内積 $R \cdot R$ を計算することで求めることができる (式(II.3.13), 導出過程は問 II.3.6)。

$$R^2 = nb^2 + 2b^2 \sum_{i=1}^{n-1} \sum_{j=i+1}^{n} \cos\theta_{ij} \tag{II.3.13}$$

n：総結合数　　b：結合ベクトルの長さ $|b_i|$
θ_{ij}：結合ベクトル i, j 間の角度

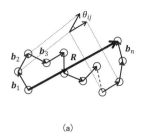
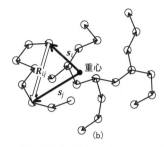

b_i ：結合ベクトル（$i = 1, 2, ..., n$）　　s_i ：重心-原子間ベクトル（$i = 0, 2, ..., n$）
R ：末端間ベクトル（$|R| = R$）　　R_{ij} ：i, j 原子間ベクトル
n ：総結合数　　$n + 1$ ：総原子数

図 II.3.5　高分子鎖のひろがりをあらわす指標

　高分子鎖が糸まり状のとき各結合ベクトルは不特定な方向を向いており，θ_{ij} が $0 \leq \theta_{ij} \leq \pi$ の範囲で一様に分布するため，$\cos \theta_{ij}$ は $-1 \leq \cos \theta_{ij} \leq 1$ の範囲で一様に分布する。したがって，n が十分大きいとき結合ベクトルのすべての組み合わせについて $\cos \theta_{ij}$ の和をとると，第 2 項はゼロに近い値になることがわかる。また，高分子鎖が棒状のとき各結合ベクトルはおよそ同じ方向を向いているため θ_{ij} の値は小さく，$\cos \theta_{ij}$ は 1 に近い値をとる。したがって，第 2 項は大きな値になる。

　高分子鎖は熱運動により時々刻々と形が変化するため，高分子鎖のひろがりをあらわすには R^2 の時間平均をとる必要がある。n, b は時間とともに変化しないため時間平均する必要はないが，θ_{ij} は時間とともに変化するため，$\cos \theta_{ij}$ の時間平均をとる。時間平均を $\langle \ \rangle$ であらわすと式 (II.3.14) のようになる。

$$\langle R^2 \rangle = nb^2 + 2b^2 \sum_{i=1}^{n-1} \sum_{j=i+1}^{n} \langle \cos \theta_{ij} \rangle \qquad (II.3.14)$$

　高分子鎖の形をあらわすモデルがいくつか提案されている（図 II.3.6）。隣接結合ベクトル間の角度 $\theta_{i,i+1}$ が $0 \leq \theta_{i,i+1} \leq \pi$ の範囲で任意の値をとることができる**自由連結鎖**（freely jointed chain）または**ランダムコイル鎖**（random-coil chain）や，$\theta_{i,i+1}$ が特定の角度を保ったまま自由に回転できる**自由回転鎖**（freely rotating chain），原子間相互作用により回転角 ϕ が特定の値をとる傾向が強い**束縛回転鎖**（hindered rotating chain）などがあり，それぞれ $\langle R^2 \rangle$ の値が異なる。

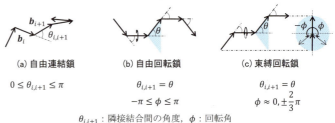

(a) 自由連結鎖　　　(b) 自由回転鎖　　　(c) 束縛回転鎖

$0 \leq \theta_{i,i+1} \leq \pi$　　　$\theta_{i,i+1} = \theta$　　　$\theta_{i,i+1} = \theta$
　　　　　　　　　　$-\pi \leq \phi \leq \pi$　　　$\phi \approx 0, \pm \dfrac{2}{3}\pi$

$\theta_{i,i+1}$：隣接結合間の角度，ϕ：回転角

図 II.3.6　高分子鎖モデル

S^2 は高分子鎖の重心から各原子までの距離 s_i の二乗平均で（図 II.3.5(b)，式(II.3.15)），S^2 の時間平均 $\langle S^2 \rangle$ は式 (II.3.16) で求めることができる（導出過程は問 II.3.7）。

$$S^2 = \frac{1}{n+1} \sum_{i=0}^{n} s_i^2 \tag{II.3.15}$$

$$\langle S^2 \rangle = \frac{1}{(n+1)^2} \sum_{i=0}^{n-1} \sum_{j=i+1}^{n} \langle R_{ij}^2 \rangle \tag{II.3.16}$$

自由連結鎖および自由回転鎖モデルでは，$\langle R^2 \rangle$ と $\langle S^2 \rangle$ の間に（式(II.3.17)）が成立する（導出過程は問 II.3.8）。また，$\langle S^2 \rangle$ は光散乱法で測定することができる。

$$\langle S^2 \rangle = \frac{1}{6} \langle R^2 \rangle \tag{II.3.17}$$

原子の大きさや原子間相互作用を考慮しない仮想的な高分子鎖を**理想鎖**(ideal chain)とよぶ。原子どうしが重なり合うことができるため，$\langle R^2 \rangle$ や $\langle S^2 \rangle$ は自由連結鎖と同じ式であらわすことができる。自由回転鎖や束縛回転鎖モデルでは，θ や ϕ が特定の値をとる（近接相互作用がある）ため，連結した近接原子どうしが重なることはできないが，遠隔原子は重なることができてしまう。遠隔原子が重ならないような相互作用を遠隔相互作用とよぶ。近接相互作用によって重なることができない連結した原子の集まりをセグメントと定義し（図 II.3.7(a)），セグメントが連

図 II.3.7　高分子鎖のセグメント

結して1本の高分子鎖を構成していると考えると，セグメントどうしが互いに排除し合う効果（**排除体積効果**（excluded-volume effect））が遠隔相互作用に相当することになる。

遠隔相互作用によってセグメントの表面が接触する距離で互いに反発するとき，排除体積は半径bの球の体積と等しくなる（図II.3.7(b)）。遠隔相互作用が無視できるとき排除体積はゼロになり，隣接セグメント間結合ベクトルのなす角$\theta'_{i,i+1}$は $0 \leq \theta'_{i,i+1} \leq \pi$の範囲で任意の値をとることができるため，理想鎖として扱うことができる。高分子鎖を構成するセグメント間結合ベクトル数をnとすると，理想状態の平均二乗末端間距離$\langle R^2 \rangle_0$は式（II.3.18）で計算できる。

$$\langle R^2 \rangle_0 = nb^2 \tag{II.3.18}$$

実在鎖は遠隔相互作用を無視することができず，理想鎖より広がっていると考えられるため，実在鎖の$\langle R^2 \rangle$を，**膨張因子**（expansion factor）αを用いて式（II.3.19），式（II.3.20）のようにあらわす。

$$\langle R^2 \rangle = \alpha_R^2 \langle R^2 \rangle_0 \tag{II.3.19}$$

$$\langle S^2 \rangle = \alpha_S^2 \langle S^2 \rangle_0 \tag{II.3.20}$$

α_Rおよびα_Sをそれぞれ末端間膨張因子（end-distance expansion factor）および回転半径膨張因子（gyration-radius expansion factor）と呼ぶ。

セグメントと溶媒分子との親和性が高く，高分子鎖をよく溶かす溶媒（**良溶媒**（good solvent））中では，高分子鎖は大きくひろがった状態になるため$\alpha > 1$となる。セグメントと溶媒分子との親和性が低く，高分子鎖をあまりよく溶かさない溶媒（**貧溶媒**（poor solvent））中では，高分子鎖は小さく縮んだ状態になるため$\alpha < 1$となる。Flory理論では，膨張因子と温度との間に式（II.3.21）の関係が成立する。

$$\alpha^5 - \alpha^3 \propto \left\{1 - \left(\frac{\Theta}{T}\right)\right\} M_p^{\frac{1}{2}} \tag{II.3.21}$$

貧溶媒溶液の温度を$T = \Theta$まで上昇させると$\alpha = 1$となるため，理想鎖と同じひろがりになることがわかる。この温度を**Flory温度**（Flory temperature）または**Θ温度**（theta temperature）と呼ぶ。

3.3　物質の混合

溶質を溶媒に溶かして溶液を生成する過程は，純溶質と純溶媒が別々に存在する状態から，両者が混合した溶液への状態変化にほかならない。

$$\text{純溶質} + \text{純溶媒} \rightleftharpoons \text{溶液}$$

純溶質および純溶媒中では，同じ種類の分子どうしが接触しているのに対して，溶液中では異なる種類の分子と接触することになるため，溶質と溶媒の混合過程では隣接分子の交換が発生していることになる。一般に隣接分子の種類が替わると，分子間ポテンシャルエネルギー E_p が変化する。温度・圧力一定（$\Delta_{mix}T = 0, \Delta_{mix}P = 0$）で混合が起こり，体積変化が小さい（$\Delta_{mix}V \approx 0$）とき，混合に伴うエンタルピー変化 $\Delta_{mix}H$ はおもに $\Delta_{mix}\Sigma E_p$ に依存する（式(II.3.22)）。

$$\Delta_{mix}H = \Delta_{mix}U + P\Delta_{mix}V = \left(Nk\Delta_{mix}T + \Delta_{mix}\Sigma E_p\right) + P\Delta_{mix}V \approx \Delta_{mix}\Sigma E_p \tag{II.3.22}$$

N：総分子数

$\Delta_{mix}H < 0$ となる溶質と溶媒の組み合わせのとき，溶質は溶媒に溶ける傾向を示し，$\Delta_{mix}H > 0$ となる組み合わせのとき，溶質と溶媒は分離する傾向を示す。また，混合に伴って隣接粒子が別の種類の粒子に入れ替わると，乱雑さが増して状態数 W が増加するため，エントロピー S が増加する（$\Delta_{mix}S > 0$）。S は混合する溶質と溶媒の組み合わせによらず常に増加する。

$\Delta_{mix}H > 0$ でかつ $\Delta_{mix}S > 0$ のとき，分離と溶解という相異なる傾向を示すことになるため，どちらの傾向が強いかによって溶質が溶媒に溶けるかどうかが決まる。両者の傾向の強さを比較するため，S に温度 T を掛けて H と同じエネルギーの単位に変換し，両者の変化の和をとり **Gibbs 自由エネルギー**（Gibbs free energy）変化 $\Delta_{mix}G$ と定義すると（式(II.3.23)），$\Delta_{mix}G$ の値によって溶質が溶媒に溶解するかどうかを判断することができる。

$$\Delta_{mix}G = \Delta_{mix}H - T\Delta_{mix}S \tag{II.3.23}$$

ただし，H が減少し，S が増加する方向に自然現象は変化しやすいため，$\Delta_{mix}S > 0$ のとき $\Delta_{mix}G < 0$ となるように $\Delta_{mix}S$ の項に負の符号をつけてある。溶質と溶媒の混合に伴って $\Delta_{mix}G < 0$ となるとき溶質は自発的に溶解し，$\Delta_{mix}G > 0$ となるとき分離する。

3.4　高分子溶液の生成

Flory と Huggins は，格子モデル（図II.3.8）を用いて高分子溶液の生成に伴う $\Delta_{mix}H$ および $\Delta_{mix}S$ を具体的に計算した。

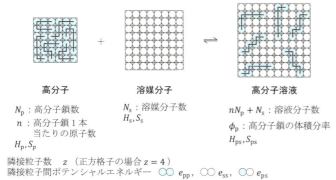

図 II.3.8　格子モデルによる高分子溶液の生成

(1) $\Delta_{\mathrm{mix}}H$ の計算

温度・圧力一定で体積変化が無視できるとき，$\Delta_{\mathrm{mix}}H$ は $\Delta_{\mathrm{mix}}\Sigma E_{\mathrm{p}}$ にほぼ等しいことから，式 (II.3.24) で計算することができる．

$$\Delta_{\mathrm{mix}}H \approx \Delta_{\mathrm{mix}}\Sigma E_{\mathrm{p}} = 溶液の\Sigma E_{\mathrm{p}} - \left(高分子の\Sigma E_{\mathrm{p}} + 溶媒の\Sigma E_{\mathrm{p}}\right) \quad (II.3.24)$$

格子モデルでは，高分子鎖を構成する原子と溶媒分子が同じ大きさで，隣接する粒子対（高分子鎖の構成原子○○，溶媒分子○○，高分子鎖の構成原子-溶媒分子○○）はいずれも同じ距離で接しているため，各隣接粒子間ポテンシャルエネルギーはそれぞれ特定の値 $e_{\mathrm{pp}}, e_{\mathrm{ss}}, e_{\mathrm{ps}}$ をとる．したがって，各状態における各粒子対の数がわかれば各 ΣE_{p} を計算することができる．また，溶液中の○○1個当たりのポテンシャルエネルギー変化 $\Delta_{\mathrm{mix}}E_{\mathrm{p}}$ を式 (II.3.25) のように定義すれば，溶液中の○○の数を掛け算することで $\Delta_{\mathrm{mix}}\Sigma E_{\mathrm{p}}$ を求めることもできる．

$$○○ + ○○ \longrightarrow 2○○$$
$$e_{\mathrm{pp}} \quad\quad e_{\mathrm{ss}} \quad\quad 2e_{\mathrm{ps}}$$

$$2\Delta_{\mathrm{mix}}E_{\mathrm{p}} = 2e_{\mathrm{ps}} - (e_{\mathrm{pp}} + e_{\mathrm{ss}}) \quad (II.3.25)$$

溶液中の○○の数は，（全高分子鎖の構成原子数）×｛隣接格子に溶媒分子が入っている確率｝で計算できることから，$\Delta_{\mathrm{mix}}H$ は式 (II.3.26) で与えられる．

$$\Delta_{\mathrm{mix}}H(\phi_{\mathrm{p}}) = (nN_{\mathrm{p}})\{(z-2)\phi_{\mathrm{s}}\}\Delta_{\mathrm{mix}}E_{\mathrm{p}} \quad (II.3.26)$$
$$= kT\chi nN_{\mathrm{p}}\phi_{\mathrm{s}} = kT\chi nN_{\mathrm{s}}\phi_{\mathrm{p}} \quad (II.3.27)$$

式 (II.3.27) では，溶液中の○○1個当たりのポテンシャルエネルギー変化数 χ（カイパラメーター，式 (II.3.28)）および溶媒分子，高分子鎖の体積分率 $\phi_{\mathrm{s}}, \phi_{\mathrm{p}}$（式 (II.3.29)）を用いた．

$$\chi = \frac{(z-2)\Delta_{\mathrm{mix}}E_{\mathrm{p}}}{kT} \tag{II.3.28}$$

$$\phi_{\mathrm{s}} = \frac{N_{\mathrm{s}}}{nN_{\mathrm{p}} + N_{\mathrm{s}}}, \ \phi_{\mathrm{p}} = \frac{nN_{\mathrm{p}}}{nN_{\mathrm{p}} + N_{\mathrm{s}}}, \ \phi_{\mathrm{s}} = 1 - \phi_{\mathrm{p}} \tag{II.3.29}$$

(2) $\Delta_{\mathrm{mix}}S$ の計算

N_{p} 本の高分子鎖を nN_{p} 個の格子に配置する方法の数 W_{p} から，純高分子のエントロピー S_{p} を求めることができる（導出過程は問 II.3.11）。純溶媒の S_{s} は，配置の方法が一通りしかないため $S_{\mathrm{s}} = 0$ となり，溶液の S_{ps} は，純高分子の S_{p} を求めたのと同じ方法で計算することができることから，$\Delta_{\mathrm{mix}}S$ は式 (II.3.30) で与えられる。

$$\begin{aligned}\Delta_{\mathrm{mix}}S(\phi_{\mathrm{p}}) &= S_{\mathrm{ps}} - (S_{\mathrm{p}} + S_{\mathrm{s}}) \\ &= -k\{N_{\mathrm{p}}\ln\phi_{\mathrm{p}} + N_{\mathrm{s}}\ln(1-\phi_{\mathrm{p}})\}\end{aligned} \tag{II.3.30}$$

$\Delta_{\mathrm{mix}}H(\phi_{\mathrm{p}})$ と $\Delta_{\mathrm{mix}}S(\phi_{\mathrm{p}})$ から $\Delta_{\mathrm{mix}}G(\phi_{\mathrm{p}})$ を求めると式 (II.3.31) がえられる。

$$\begin{aligned}\Delta_{\mathrm{mix}}G(\phi_{\mathrm{p}}) &= \Delta_{\mathrm{mix}}H(\phi_{\mathrm{p}}) - T\Delta_{\mathrm{mix}}S(\phi_{\mathrm{p}}) \\ &= kT[\chi N_{\mathrm{s}}\phi_{\mathrm{p}} + \{N_{\mathrm{p}}\ln\phi_{\mathrm{p}} + N_{\mathrm{s}}\ln(1-\phi_{\mathrm{p}})\}] \\ &= RT[\chi n_{\mathrm{s}}\phi_{\mathrm{p}} + \{n_{\mathrm{p}}\ln\phi_{\mathrm{p}} + n_{\mathrm{s}}\ln(1-\phi_{\mathrm{p}})\}]\end{aligned} \tag{II.3.31}$$

物質量 $n_{\mathrm{p}} = \dfrac{N_{\mathrm{p}}}{N_{\mathrm{A}}}, \ n_{\mathrm{s}} = \dfrac{N_{\mathrm{s}}}{N_{\mathrm{A}}}$ （N_{A}：Avogadro 数）

3.5 相平衡

一般に，高分子鎖が均一に溶解した溶液の温度を下げると，特定の温度以下で高分子濃度の高い溶液と低い溶液に分離する（**相分離**（phase separation））。この現象は $\Delta_{\mathrm{mix}}G(\phi_{\mathrm{p}})$ を使って理解することができる。

温度 T_0 で均一に溶解した体積分率 ϕ_0 の溶液が，同じ温度でわずかに ϕ_0 より高い相（ϕ_{h}）と低い相（ϕ_{l}）に分離したとき，物質量の保存則から，両相の自由エネルギーの和 $\Delta_{\mathrm{mix}}G_{\mathrm{h+l}}$ は式 (II.3.32) であらわされる（導出過程は問 II.3.12）。

$$\Delta_{\mathrm{mix}}G_{\mathrm{h+l}} = \Delta_{\mathrm{mix}}G(\phi_{\mathrm{l}}) + \frac{\phi_0 - \phi_{\mathrm{l}}}{\phi_{\mathrm{h}} - \phi_{\mathrm{l}}}\{\Delta_{\mathrm{mix}}G(\phi_{\mathrm{h}}) - \Delta_{\mathrm{mix}}G(\phi_{\mathrm{l}})\} \tag{II.3.32}$$

上式の第 2 項は，図 II.3.9 の相似直角三角形のうち，小さいほうの直角三角形の高さを計算しているため，第 1 項の $\Delta_{\mathrm{mix}}G(\phi_{\mathrm{l}})$ に加減算することで $\Delta_{\mathrm{mix}}G_{\mathrm{h+l}}$ を求めることができることがわかる。また，加減算した結果は，図中の点 $\{\Delta_{\mathrm{mix}}G(\phi_{\mathrm{l}}), \phi_{\mathrm{l}}\}$ と点 $\{\Delta_{\mathrm{mix}}G(\phi_{\mathrm{h}}), \phi_{\mathrm{h}}\}$ を結ぶ直線の ϕ_0

における値として簡単に知ることができる．したがって，$\Delta_{mix}G(\phi_p)$ の曲線が下に凸のとき，相分離すると自由エネルギーが増加（$\Delta_{mix}G_{h+l} - \Delta_{mix}G(\phi_0) > 0$）し，$\Delta_{mix}G(\phi_p)$ の曲線が上に凸のとき減少（$\Delta_{mix}G_{h+l} - \Delta_{mix}(\phi_0) < 0$）することがわかる．

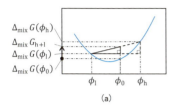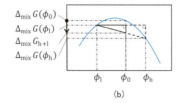

図 II.3.9　相分離状態における溶液の自由エネルギー $\Delta_{mix}G_{h+l}$ の求め方

$\Delta_{mix}G(\phi_p)$ の温度変化を図 II.3.10(a) に示す．$\Delta_{mix}G(\phi_p)$ は低温において上下に凸のある曲線で，温度の上昇とともに凹凸の幅が減少し，臨界温度 T_c 以上で体積分率の全領域にわたって下に凸の曲線となる．したがって，T_c 以上で相分離すると ϕ_0 の値によらず必ず $\Delta_{mix}G_{h+l} - \Delta_{mix}G(\phi_0) > 0$ となるため，均一に溶解したままの状態が維持される．T_c 以上の溶液は安定状態にあるという．

T_c 以下において，ϕ_0 が上に凸の範囲（2 つの変曲点 ϕ_l^{inf}, ϕ_h^{inf} の間）にある高分子溶液を調製すると，$\Delta_{mix}G_{h+l} - \Delta_{mix}G(\phi_0) < 0$ となるため，ただちに溶液全体のいたるところで微小な濃淡領域が発生する．濃い領域はさらに濃く，薄い領域はさらに薄くなるほうが $\Delta_{mix}G_{h+l}$ の値が減少するため（図 II.3.10(b)），濃淡領域が複雑に入り組んだ状態で相分離する[*1]．二相の濃度がそれぞれ $\Delta_{mix}G(\phi_p)$ の複接線（二重接線）の接点 ϕ_L, ϕ_H になったとき，$\Delta_{mix}G_{h+l}$ が最小となり，濃度変化が止まって平衡状態になる．このような相分離過程を**スピノーダル分解**（spinodal

*1　濃淡領域の密度差が大きいとき，濃い相が重力で沈降するため上下二相に分離する．

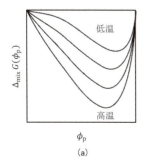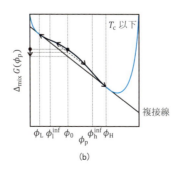

図 II.3.10　$\Delta_{mix}G(\phi_p)$ の温度変化と $\Delta_{mix}G_{h+l}$ の最小値

decomposition）と呼ぶ．溶液調製直後から相分離が開始されるため，濃度範囲 $\phi_\mathrm{l}^\mathrm{inf} < \phi_0 < \phi_\mathrm{h}^\mathrm{inf}$ の溶液は不安定状態にあるという．

　ϕ_0 が $\phi_\mathrm{L} \sim \phi_\mathrm{l}^\mathrm{inf}$ または $\phi_\mathrm{h}^\mathrm{inf} \sim \phi_\mathrm{H}$ にある溶液を調製したとき，$\Delta_\mathrm{mix}G(\phi_\mathrm{p})$ が下に凸であるにもかかわらず，相分離すると自由エネルギーが減少する ϕ の組み合わせがある（図 II.3.11）．$\phi_\mathrm{l}, \phi_\mathrm{h}$ が ϕ_0 からあまり離れていないとき，$\Delta_\mathrm{mix}G_\mathrm{h+l} - \Delta_\mathrm{mix}G(\phi_0) > 0$ となって相分離は開始されないが，$\phi_\mathrm{l}', \phi_\mathrm{h}'$ のように十分離れたとき $\Delta_\mathrm{mix}G_\mathrm{h+l} - \Delta_\mathrm{mix}G(\phi_0) < 0$ となって相分離する．偶発的に大きく濃度の異なる領域ができたときにその領域が拡大するように相分離し，濃い領域はさらに濃く，薄い領域はさらに薄くなって，$\phi_\mathrm{L}, \phi_\mathrm{H}$ のとき $\Delta_\mathrm{mix}G_\mathrm{h+l}$ が最小となり，濃度変化が止まって平衡状態になる．このような相分離過程を**核生成・成長**（nucleation and growth）または**バイノーダル分解**（binodal decomposition）と呼ぶ．濃度範囲 $\phi_\mathrm{L} \sim \phi_\mathrm{l}^\mathrm{inf}$ または $\phi_\mathrm{h}^\mathrm{inf} \sim \phi_\mathrm{H}$ の溶液は，偶発的に相分離が開始されるまで均一溶解状態が続くことから，準安定状態にあるという．

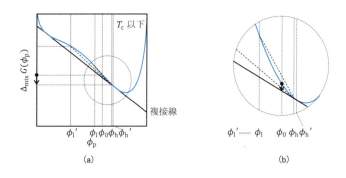

図 II.3.11　核形成・成長機構による相分離

　異なる温度における $\phi_\mathrm{L}, \phi_\mathrm{H}$ を結んだ曲線を**共存曲線**（coexistence curve）または**バイノーダル（双交）曲線**（binodal curve）と呼び，$\phi_\mathrm{l}^\mathrm{inf}, \phi_\mathrm{h}^\mathrm{inf}$ を結んだ曲線を**スピノーダル曲線**（spinodal curve）と呼ぶ（図 II.3.12）．共存曲線の外側では常に $\Delta_\mathrm{mix}G_\mathrm{h+l} - \Delta_\mathrm{mix}G(\phi_0) > 0$ となり，T_c 以下であっても均一状態が維持されるため，溶液は安定状態にある．共存曲線上では，可視光の波長程度の大きさを持つ微視的濃淡領域の生成消滅が繰り返されており，各領域の屈折率が異なるため溶液全体が白濁する．特定の濃度の溶液が共存状態になる温度を**曇点**（cloud point）と呼ぶ．

　格子モデルから求めた $\Delta_\mathrm{mix}G(\phi_\mathrm{P})$ では，相分離が起こる上限温度（**上部臨界溶液温度**（UCST：upper critical solution temperature））が存在したが，高分子鎖と溶媒分子間に水素結合などの特別な分子間相互作用が

あると，低温で均一に溶解することがあり，このような溶液には相分離が起こる下限温度（**下部臨界溶液温度**（LCST：lower critical solution temperature））が存在する。例えば，poly-N-isopropylacrylamide（PNIPAM）水溶液は LCST 以上で相分離する。

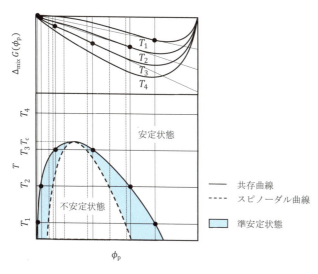

図 II.3.12 $\Delta_{\mathrm{mix}}G(\phi_{\mathrm{p}})$ と相図

3.6 高分子の分子量測定法

　高分子のような不揮発性溶質が溶けた希薄溶液では，溶質の物質量 n_{p} に応じて沸点や凝固点が変化する（沸点上昇，凝固点降下）。物質量のみに依存する性質を束一的性質（colligative properties）と呼び，希薄溶液の蒸気圧や浸透圧も束一的性質を示す。n_{p} は，溶液の体積 V や分子量 M_{p} の値を用いて質量濃度 c_{p} と関連付けることができるため（式(II.3.33)），c_{p} のわかっている溶液の束一的性質を示す熱力学量を測定することで M_{p} を求めることができる。

$$c_{\mathrm{p}} = \frac{n_{\mathrm{p}} M_{\mathrm{p}}}{V} \tag{II.3.33}$$

　混合に伴う Gibbs 自由エネルギー変化 $\Delta_{\mathrm{mix}}G$ は，混合物の成分の物質量によって値が連続的に変化する状態関数であり，各成分の Gibbs 自由エネルギー変化の和であらわされるという関係（式(II.3.34)）が成立する。

$$\Delta_{\mathrm{mix}}G = \sum_{\mathrm{i}} n_{\mathrm{i}} \left(\frac{\partial \Delta_{\mathrm{mix}}G}{\partial n_{\mathrm{i}}} \right)_{T,P,n_{\mathrm{j}}} \tag{II.3.34}$$

$\Delta_{\mathrm{mix}}G$ の n_{i} による微分量を成分 i の部分モル Gibbs 自由エネルギーま

たは**化学ポテンシャルエネルギー**（chemical potential energy）μ_i と呼ぶ。

μ_i は，温度，圧力および成分 i 以外の物質量 n_j が一定の条件下で，成分 i を無限少量 ∂n_i 添加したときの $\Delta_{mix}G$ の変化量で，溶液中における成分 i 1 モル当たりの $\Delta_{mix}G$ に相当する量である。

純溶媒と溶液中の溶媒の化学ポテンシャルをそれぞれ μ_s^*, μ_s とし，各液体と平衡状態にある蒸気の圧力を P_s^*, P_s とすると，式 (II.3.35) が成立する。

$$\mu_s = \mu_s^* + RT\ln\frac{P_s}{P_s^*} \tag{II.3.35}$$

溶質が溶解すると，液体表面に溶質分子と溶媒分子が混在することになるため，溶媒分子が蒸発する確率が減少して $P_s < P_s^*$ となり，第 2 項は負になる。

純溶媒に溶質を溶解することでエントロピーが増加して $\Delta_{mix}G$ が減少するため，溶媒 1 モル当たりのエントロピー増加分（式(II.3.36)）だけ μ_s^* から減少すると解釈できる。

$$RT\ln\frac{P_s}{P_s^*} = N_AT(k\ln P_s - k\ln P_s^*) \tag{II.3.36}$$

$R = N_A k$，N_A：Avogadro 数，k：Boltzmann 定数

$k\ln P_s - k\ln P_s^*$：溶媒分子 1 個当たりのエントロピー変化に比例する量

$N_A(k\ln P_s - k\ln P_s^*)$：溶媒分子 1 モル当たりのエントロピー変化に比例する量

(1) 蒸気圧法

Raoult の法則（式(II.3.37)）が成立する理想溶液では，蒸気圧差 ΔP_s（式 II.3.38）と分子量 M_p のあいだに式 (II.3.39) の関係が成立するため（導出過程は問 II.3.14），ΔP_s を測定することにより M_p を求めることができる。

$$P_s = x_s P_s^* \qquad x_s：溶媒のモル分率 \tag{II.3.37}$$

$$\Delta P_s = P_s^* - P_s \tag{II.3.38}$$

$$\frac{\Delta P_s}{c_p P_s^* V_s} \approx \frac{1}{M_p} \qquad V_s：溶媒のモル体積 \tag{II.3.39}$$

実在溶液では，ΔP_s の値は c_p の関数になっていると考えられるため，式(II.3.39) を c_p で展開し（式 (II.3.40)），$c_p = 0$ に補外して M_p を求める。

$$\frac{\Delta P_s}{c_p P_s^* V_s} \approx \frac{1}{M_p} + A_2 c_p + A_3 c_p^2 + \cdots \tag{II.3.40}$$

A_i：実験によって決まる係数

A_2 は ΔP_s に対する c_p^2 の係数で，c_p^2 は単位体積中の溶質分子対の数に比例するため，溶質分子間相互作用の強さをあらわしており，**第 2 ビリ**

アル係数（the second virial coefficient）と呼ぶ．

(2) 浸透圧法

Raoult の法則が成立する理想溶液では，$\mu_s < \mu_s^*$ の関係が成立するため，図 II.3.13(a) のような装置を用いて純溶媒と溶液を半透膜を挟んで接触させると，純溶媒中の分子が溶液側に流れ込む．溶媒分子が流れ込んだ分だけ溶液側の液面が高くなるため，液柱の重量に等しい力が溶液にかかり，溶媒分子を押し戻そうとする．溶液の圧力と純溶媒が流れ込もうとする圧力（浸透圧 π）が等しくなった状態で，溶媒の移動が停止して平衡状態になる．平衡状態における液柱の重量から溶液の圧力を計算することで，π を求めることができる．この方法では，溶媒分子が溶液側に移動することにより溶液濃度が低下した状態の π を求めることになるため，溶液濃度を補正する必要がある．

図 II.3.13(b) に示したように密閉容器中で純溶媒と接触させると，溶媒が移動できないため接触直後から平衡状態になる．平衡状態では，$\mu_s = \mu_s^*$ でなければいけないが，純溶媒と溶液の圧力が等しいとき式 (II.3.35) が成立しているため，μ_s は μ_s^* より $RT \ln x_s$ だけ低い値になる．したがって，純溶媒が流れ込もうとすることによって溶液の圧力を増加し，純溶媒が溶液に対して仕事をして（エネルギーを与えて）いると考えられる．

圧力や体積の変化にともなう仕事（エネルギー）は，式 (II.3.41) で計算できる．

$$\text{仕事} = \Delta(\text{力 } F \times \text{距離 } l) = \Delta\{(\text{圧力 } P \times \text{面積 } A) \times \text{距離 } l\} = \Delta(\text{圧力 } P \times \text{体積 } V) \tag{II.3.41}$$

純溶媒を接触させることによって体積 V が一定（$\Delta V = 0$）のまま圧力が増加（$\Delta P = \pi$）したため，純溶媒は溶液に対して πV で計算できる仕事をしたことになる．

$\Delta P = \pi$，$\Delta V = 0$ のとき
$\Delta(PV) = P\Delta V + V\Delta P = \pi V$

圧力増加にともなう仕事と溶質の溶解にともなう化学ポテンシャルエネルギーの減少が釣り合っていると考えられることから，式 (II.3.42) が成立する．

$$\pi V_s + RT \ln x_s = 0 \tag{II.3.42}$$

1 モル当たりの仕事を計算するため体積としてモル体積 V_s を用いた．

式 (II.3.42) に，物質量 n_p と分子量 M_p の関係等を代入することで van't Hoff の式 (II.3.43) が得られる（導出過程は問 II.3.15）．

$$\pi = -\frac{RT}{V_s} \ln x_s \approx \frac{c_p RT}{M_p} \tag{II.3.43}$$

実在溶液では，π は c_p の関数になっていると考えられるため，式（II.3.43）を c_p で展開し（式（II 3.44）），$c_p = 0$ に補外して M_p を求める。

$$\frac{\pi}{c_p RT} = \frac{1}{M_p} + A_2 c_p + A_3 c_p^2 + \cdots \quad (\text{II}.3.44)$$

A_i：実験によって決まる係数

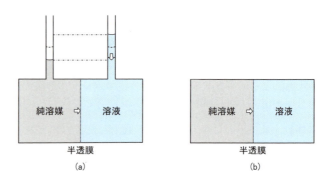

図 II.3.13　浸透圧測定法

(3) 光散乱（light scattering）法

原子・分子の構成要素である電子は負電荷を持っており，電子軌道内を動き回っている。原子・分子に電場 E を印加すると電子の分布が片寄って正負の電荷（双極子）が発生する（図 II.3.14(a)）。

X 線や光に代表される電磁波は，電場と磁場が振動しながら空間を進行する波で（図 II.3.14(b)），原子・分子に照射すると電子が振動運動する。電荷が直線に沿って等速運動すると，運動方向に対して垂直な方向に一定の強さの磁場が発生し，電荷が振動運動すると振動磁場が発生する。また，磁場強度が直線に沿って増加すると，垂直方向の電場が発生し，磁場強度が振動すると電場強度も振動する。電磁波を原子・分子に照射すると電子が振動して（図 II.3.14(c)）周囲に振動する電磁場が発生し，空間を伝播する。これが原子・分子による電磁波の散乱現象である。

散乱された電磁波の電場強度は，双極子からの距離の二乗 r^2 に反比例し，双極子の方向となす角 θ_z に依存する（図 II.3.14(d)）。また，散乱された電磁波の強度は発生した電荷の大きさに依存する。同じ強さの電場を印加しても，原子・分子の種類によって電子の片寄りやすさ（分極率 α）が異なるため，発生する電荷の大きさが異なる。入射光強度 I_0 と分子 1 個の散乱光強度 i の比は式（II.3.45）であらわされる。

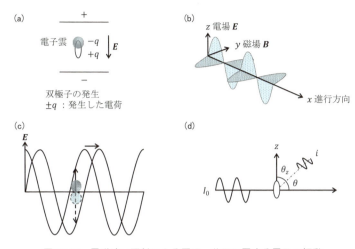

図 II.3.14 電磁波の照射による原子・分子に属する電子の振動

$$\frac{i}{I_0} = \frac{16\pi^4\alpha^2 \sin^2\theta_z}{\lambda^4 r^2} \quad \text{(II.3.45)}$$

λ：入射光の波長

分子量 M_p の溶質が溶解した質量濃度 c_p の溶液において，溶媒の屈折率が n_0，溶液の屈折率が n のとき，α は式 (II.3.46) であらわされる。また，自然光は図 II.3.14(b) で示した偏光（一方向に振動する電磁波）の集まりで，x 軸周りのすべての方向に電場が振動しており，自然光の散乱光強度 I は式 (II.3.47) であらわされる。

$$\alpha = \frac{M_p n_0 (\partial n/\partial c_p)}{2\pi N_A} \quad \text{(II.3.46)}$$

$$\frac{I}{I_0} = \frac{2\pi^2(1+\cos^2\theta)n_0^2(\partial n/\partial c_p)^2 c_p M_p}{N_A \lambda^4 r^2} \quad \text{(II.3.47)}$$

I が M_p に比例することをわかりやすくするため式 (II.3.47) を式 (II.3.48) のように変形し，R_θ を Rayleigh 比と呼ぶ。

$$R_\theta = \frac{Ir^2}{I_0} = \frac{2\pi^2(1+\cos^2\theta)n_0^2(\partial n/\partial c_p)^2}{N_A \lambda^4} c_p M_p = K_\theta c_p M_p \quad \text{(II.3.48)}$$

実在溶液では，式 (II.3.49) のように変形して c_p で展開し，$c_p = 0$ に補外して M_p を求める。

$$\frac{K_\theta c_p}{R_\theta} = \frac{1}{M_p} + 2A_2 c_p + \cdots \quad \text{(II.3.49)}$$

高分子のように大きな分子による散乱では，分子の局所から散乱した電磁波どうしの干渉（波の重ね合わせ）が起こる（分子内干渉効果）。また，溶質濃度が濃いと，異なる分子によって散乱された電磁波が干渉

する（分子間干渉効果）（図 II.3.15）。

(a) 分子内干渉効果   (b) 分子間干渉効果

図 II.3.15　分子内干渉効果と分子間干渉効果

両効果を考慮するための関数をそれぞれ $P(\theta)$, $Q(\theta)$ とすると，式 (II.3.49) は式 (II.3.50) のようにあらわされる。

$$\frac{K_\theta c_p}{R_\theta} = \frac{1}{M_p P(\theta)} + 2A_2 Q(\theta) c_p + \cdots \tag{II.3.50}$$

$P(\theta)$ は分子の形によって決まる関数で（式 II.3.51），$P(\theta)$, $Q(\theta)$ とも $\theta = 0$ で 1 となる関数である。

$$\frac{1}{P(\theta)} = 1 + \frac{16\pi^2 \langle S^2 \rangle \sin^2(\theta/2)}{3\lambda^2} \cdots \tag{II.3.51}$$

c_p の異なる高分子溶液を用意して，異なる角度 θ で I を測定し，式 (II.3.50) の左辺の値を $\sin^2(\theta/2) + kc_p$（k：任意の定数）に対してプロットすると，図 II.3.16 のようなグラフを描くことができる（Zimm プロット）。$\theta = 0$ において式 (II.3.51) の第 2 項が 0 となり，$P(\theta) = 1$ および $Q(\theta) = 1$ となるため，横軸の値が c_p に比例する。したがって，各 c_p における値を $\theta = 0$ に補外して得た直線の傾きから A_2 を求めることができる。また，直線の縦軸切片の値から M_p を求めることができる。

$c_p = 0$ において式 (II.3.50) の第 2 項以降が 0 となり，横軸の値が

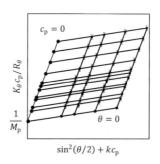

図 II.3.16　Zimm プロット

$\sin^2(\theta/2)$ に比例するため，各 θ における値を $c_p = 0$ に補外して得た直線の傾きから $\langle S^2 \rangle$ を求めることができる．

(4) その他の分子量測定法

束一的性質を示す物理量を測定して分子量を計算するのではなく，分子量既知の標準試料を用いて分子量と測定値の関係をあらわす実験式を決定し，未知試料の測定値から分子量を決定する方法がある．装置が安価で測定方法が簡便なため，高い測定精度を必要としない日常的な測定に利用される．

1) 粘度法

分子量が既知で，分子量の異なる高分子溶液の $[\eta]$ を測定して，式 (II.3.12) の a を決定し，分子量が未知の高分子溶液の $[\eta]$ を測定することにより，分子量を求めることができる．

図 II.3.3 に示したオストワルド型毛細管粘度計では，粘度管に採取した試料溶液の量によって液柱の高さが変わり，流下時間が異なってしまうため，濃度の異なる試料を測定する際に，毎回正確に同じ液量を採取しなければならない．ウベローデ型毛細管粘度計は，流下する液体の量を一定に保つ構造になっており，採取する液量の違いによる測定誤差を回避することができる．

毛細管型以外の粘度計も多数市販されている．試料用液中を球が落下する速度から粘度を測定する落球型や，試料溶液を挟んで平行に設置した 2 枚の円盤や二重円筒の一方を回転させ，もう一方の円盤や円筒の回転速度から粘度を計算したり，一定の回転速度を維持するのに必要な回転力から粘度を計算する回転型粘度計などがある．

2) ゲル浸透クロマトグラフィー (GPC：gel permiation chromatography) 法

高分子鎖が架橋されて 3 次元網目構造を形成し，網目間に溶媒を含んで膨潤した状態を高分子ゲルとよぶ．網目の大きさは大小さまざまで，溶液中に存在する糸まり状の高分子鎖より大きいものから小さいものまで幅広く分布している．

高分子ゲルを充てんしたカラムに高分子溶液を流し込み，溶解した高分子鎖が網目間を移動するように圧力をかけると，分子量が小さい高分子鎖ほど狭い網目に入り込み，移動速度が遅くなったり道のりが長くなったりするため，溶出するのに時間がかかる．分子量が大きい高分子鎖は，大きな網目を通るため，速く溶出する（図 II.3.17(a)）．この原理を応用すると，分子量の異なる高分子鎖を分離することができる．

分子量既知で分子量分布の狭い標準高分子溶液を高分子ゲルに流し込

んで，高分子鎖が溶出するまでにかかった時間（保持時間）または溶出液の体積（elution volume）V_e を測定し，分子量との関係をあらわす較正曲線を描き（図II.3.17(b)），分子量未知の高分子溶液の V_e から M_p を求める。

較正曲線は，一般的に式（II.3.52）をあてはめて係数を決定するが，高分子と溶媒との組み合わせによって係数が異なるため，標準試料で決定した係数から，標準試料とは異なる試料の正確な分子量を求めることはできない。

$$V_e = A - B \log M_p \tag{II.3.52}$$

高分子鎖の溶出原理を考慮すると，V_e は分子量より高分子のひろがり具合（体積 V_p）に依存すると考えられる。Flory-Fox の粘度式（II.3.53）から判断すると，V_p は $[\eta] M_p$ に比例することから（式(II.3.54)），標準溶液の $[\eta]$ の値を用いることにより，高分子と溶媒の組み合わせに依存しない汎用較正曲線（式(II.3.55)）を描くことができる。

$$[\eta] = \Phi(6\langle S^2 \rangle)^{\frac{3}{2}} M_p^{-1} \qquad \Phi : 定数 \tag{II.3.53}$$

$$V_p \propto \langle S^2 \rangle^{\frac{3}{2}} \propto [\eta] M_p \tag{II.3.54}$$

$$V_e = A' - B' \log [\eta] M_p \tag{II.3.55}$$

GPC 法では，溶出液の吸光度や屈折率から高分子溶液の相対濃度を知ることができるため，分子量分布曲線を描くことができる。分子量分布曲線から，数平均分子量や重量平均分子量，分布の幅などを知ることができるという利点がある。

温度などの影響によって高分子鎖のひろがり具合が変わると正しい分子量を測定することができないうえ，ゲルを形成する高分子鎖と分子量を測定しようとする高分子鎖が相互作用すると，正しい分子量を測定することができないため，温度や溶媒の選択には注意が必要である。

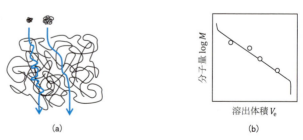

図II.3.17　高分子ゲル網目間を流れる高分子鎖の道のりと較正曲線

補足 II.3.1

S_p および S_{ps} の求め方

総格子数 nN_p の格子に高分子鎖 N_p 本を配置する方法の数 W_p は，次式で求めることができる。

$$W_p = \frac{1}{N_p!}(w_1 \times \cdots \times w_{N_p}) = \frac{1}{N_p!}\prod_{i=1}^{N_p} w_i$$

ここで，w_i は，すでに $i-1$ 本の高分子鎖が配置されている状態に，i 本目の高分子鎖を配置する方法の数である。

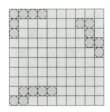
第1原子①を配置可能な格子

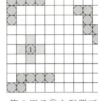
第2原子②を配置可能な格子

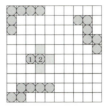
第3原子③を配置可能な格子

w_i の計算方法

① の配置数　空の格子数　$nN_p - n(i-1)$

② の配置数　z 個中の空の格子数

$$z \times (\text{空の確率}) = z \times \frac{nN_p - n(i-1) - 1}{nN_p} \approx z \times \frac{nN_p - n(i-1)}{nN_p} \quad (i \gg n \text{ のとき})$$

③ の配置数　$z-1$ 個中の空の格子数

$$(z-1) \times \frac{nN_p - n(i-1) - 2}{nN_p} \approx (z-1) \times \frac{nN_p - n(i-1)}{nN_p} \quad (i \gg n \text{ のとき})$$

Ⓝ の配置数　$z-1$ 個中の空の格子数

$$(z-1) \times \frac{nN_p - n(i-1) - n}{nN_p} \approx (z-1) \times \frac{nN_p - n(i-1)}{nN_p} \quad (i \gg n \text{ のとき})$$

$$w_i = \{nN_p - n(i-1)\} \times \left\{z \times \frac{nN_p - n(i-1)}{nN_p}\right\} \times \left\{(z-1) \times \frac{nN_p - n(i-1)}{nN_p}\right\}^{n-2}$$

$$= \frac{z(z-1)^{n-2}}{(nN_p)^{n-1}} n^n \{N_p - (i-1)\}^n$$

$$S_p = k \ln \frac{1}{N_p!} \prod_{i=1}^{N_p} \frac{z(z-1)^{n-2}}{(nN_p)^{n-1}} n^n \{N_p - (i-1)\}^n$$

$$= k \ln \frac{1}{N_p!} \frac{z^{N_p}(z-1)^{N_p(n-2)}}{(nN_p)^{N_p(n-1)}} n^{nN_p} (N_p!)^n$$

$$\approx k\{N_p \ln z(z-1)^{(n-2)} + N_p \ln n - nN_p\} \quad (n \gg 1)$$

Stirling の近似式　$\ln x! \approx x \ln x - x$ を用いた。

溶液のエントロピー S_{ps} の計算

高分子数 N_p，総格子数 $nN_p + N_s$ として，高分子のエントロピーと同じ方法で計算すればよい。

> **補足 II.3.2**
>
> 体積分率 ϕ_0 の均一溶液がわずかに体積分率が異なる 2 相に分離したときに成立する関係
>
> | | | | |
> |---|---|---|---|
> | 体積分率変化 | ϕ_0 | $\to$ | ϕ_l, ϕ_h $\quad \phi_h/\phi_0 \approx 1, \phi_l/\phi_0 \approx 1$ |
> | 体積変化 | V_0 | $\to$ | $V_l + V_h$ $\quad V_0 = V_l + V_h$ |
> | 物質量変化 | n_0 | $\to$ | n_l, n_h $\quad n_0 = n_l + n_h$（物質量保存則）|
>
> 高分子のモル体積 v_p を用いて体積分率 ϕ_0，物質量 n_0，体積 V_l, V_h をあらわすと次式になる。
>
> $$\phi_0 = \frac{n_0 v_p}{V_0}, \ \ \phi_l = \frac{n_l v_p}{V_l}, \ \ \phi_h = \frac{n_h v_p}{V_h}$$
>
> $$n_0 = \frac{\phi_0 V_0}{v_p}, \ \ n_l = \frac{\phi_l V_l}{v_p}, \ \ n_h = \frac{\phi_h V_h}{v_p}$$
>
> $$V_l = \frac{n_l v_p}{\phi_l}, \ \ V_h = \frac{n_h v_p}{\phi_h}$$

章末問題

問 II.3.1 1.2 および 1.3 を参考にして，U/h がひずみ速度 $\dot{\gamma}$ に等しいことを示しなさい。

問 II.3.2 毛細管の中心から r だけ離れた点におけるずり応力 $\sigma(r)$ は，半径 r および長さ L の円筒形の液体に作用する力 $F(r)$ を，円筒形の曲面の面積 $A(r)$ で割って求めることができる。また，$\dot{\gamma}(r)$ は，$\mathrm{d}t$ 間に r から $\mathrm{d}r$ だけ離れた場所で液体が移動した距離 $\mathrm{d}l(r) = \mathrm{d}U(r)\mathrm{d}t$ から求めることができる。これらの関係を利用して，ずり応力 $\sigma(r)$ およびひずみ速度 $\dot{\gamma}(r)$ が次式であらわされることを示しなさい。

$$\sigma(r) = \frac{r\Delta P}{2L}$$

$$\dot{\gamma}(r) = \frac{\mathrm{d}U(r)}{\mathrm{d}r}$$

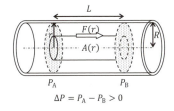

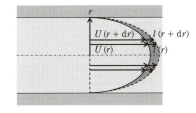

$$\mathrm{d}U(r) = U(r+\mathrm{d}r) - U(r)$$
$$\mathrm{d}l(r) = l(r+\mathrm{d}r) - l(r)$$

問 II.3.3 毛細管に力を加えて移動した状態を仮想的に考えたときの $\dot{\gamma}(r)$ と，液体を流動させたときの $\dot{\gamma}(r)$ が等しくなることを示しなさい。

問 II.3.4 問 II.3.2 で求めた $\sigma(r)$ と $\dot{\gamma}(r)$ を η の定義式に代入し，微分方程式を解いて $U(r)$ を求めると次式の関係が得られることを示しなさい。

$$U(r) = \frac{\Delta P}{4L\eta}(R^2 - r^2)$$

問 II.3.5 $\mathrm{d}t$ 間に流れた液体の体積 $\mathrm{d}V$ は次図に網線 ■ で示した領域の体積に等しく，右に示した微小円筒の体積 $\mathrm{d}v$ を $r=0$ から R まで積分して求める

ことができる．これらの関係を用いて，単位時間あたりに毛細管を流れる液体の体積 Q が次式であらわされることを示しなさい．

$$Q = \frac{\pi \Delta P R^4}{8L\eta}$$

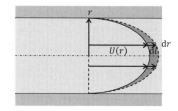

問 II.3.6 高分子の形を結合ベクトル b_i であらわすと，末端間ベクトル R は結合ベクトル b_i の和で求めることができる．また，R^2 は R の内積に等しい．これらの関係を用いて，R^2 が式 (II.3.14) で計算できることを示しなさい．

$$R = \sum_{i=1}^{n} b_i$$

$$R \cdot R = |R||R|\cos\theta = |R|^2 = R^2$$

$|R|$：R の長さ（R であらわす）

θ：R 間の角度（$\theta = 0, \cos\theta = 1$）

問 II.3.7 図 II.3.5 に示したように重心-原子間ベクトル s_i と原子間ベクトル R_{ij} を定義し，原子間ベクトルの長さの二乗 $|R_{ij}|^2 = R_{ij}^2$ を計算すると次式が得られる．

$$R_{ij} = s_j - s_i$$

$$R_{ij}^2 = R_{ij} \cdot R_{ij} = s_i^2 + s_j^2 - 2s_i \cdot s_j$$

全原子に対して両辺の和をとると式 (II.3.16) が得られることを示しなさい．

問 II.3.8 R_{ij} の定義において $i = 0$ および $j = n$ と置くと，R_{0n} が直鎖状高分子鎖の末端間距離 R に対応することを利用して，R^2 と S^2 の間に式 (II.3.17) が成り立つことを示しなさい．

問 II.3.9 Flory 理論の式 (II.3.21) を用いて $T = \Theta$ のとき $\alpha = 1$ となる理由を説明しなさい．

問 II.3.10 溶液中に存在する高分子鎖の構成原子に隣接する溶媒分子数が次式で与えられる理由を説明しなさい．

$$(z - 2)\phi_s$$

3 高分子溶液の性質

問 II.3.11 補足 II.3.1 を参考にして，純高分子のエントロピー S_p および溶液のエントロピー S_{ps} を求め，$\Delta_{mix}S$ を求める式を導きなさい。

問 II.3.12 補足 II.3.2 を参考にして，温度 T_0 で均一に溶解した体積分率 ϕ_0 の溶液が，同じ温度でわずかに ϕ_0 より高い ϕ_h およびわずかに低い ϕ_l の溶液に分離したとき，全自由エネルギー $\Delta_{mix}G_{h+l}$ が式 (II.3.32) であらわされる理由を説明しなさい。

問 II.3.13 薄い相の濃度が ϕ_L より薄く，濃い相の濃度が ϕ_H より濃くならない理由を説明しなさい。

問 II.3.14 Raoult の法則（式(II.3.37)）に x_s と溶質のモル分率 x_p の関係式を代入して x_p と蒸気圧差 ΔP_s の関係を求め，x_p と物質量 n_p の関係を代入して，ΔP_s から溶質の分子量 M_p を求める式 (II.3.39) を導きなさい。

問 II.3.15 式 (II.3.42) に物質量 n_p と分子量 M_p の関係等を代入して van't Hoff の式 (II.3.43) を導きなさい。

問 II.3.16 格子モデルから求めた $\Delta_{mix}G(\phi_p)$ の式 (II.3.31) を微分して $\Delta_{mix}\mu_p$ および $\Delta_{mix}\mu_s$ を求めなさい。

問 II.3.17 問 II.3.16 で求めた $\Delta_{mix}\mu_s$ を用いて ϕ_p から π を計算する式を導きなさい。

問 II.3.18 格子モデルでは，高分子を構成する原子と溶媒分子の体積が等しい。この関係を利用して ϕ_p を c_p に変換する式を求め，問 II.3.17 で求めた π の式の ϕ_p を c_p に置き換えて，c_p^2 の係数である A_2 を求めなさい。また，溶質分子間相互作用が無視できる温度があることを示しなさい。

高分子材料編

第Ⅲ編

　第Ⅲ編では，どのような場面で，どのような機能をもつ高分子が使われているのかを実例を挙げながら詳しく学んでいきます。

❶ ではゴム，樹脂，繊維の違いと成形法について
❷ では汎用プラスチックとエンジニアリングプラスチックについて
❸ では電子・電機分野における機能性高分子材料について
❹ ではバイオ・医療分野における機能性高分子材料について
❺ では環境分野における機能性高分子材料について

　さまざまな分野で活躍している高分子材料を知ることにより，これまで学んだ合成法や物性がどのように材料として反映されているのかを理解します。

結合様式

ビニルモノマーの場合，CH_2 を尾，CHX を頭とすると，主鎖中のモノマーの結合様式には次の3通りがある。

頭-尾結合：$+CH_2-CH+CH_2-CH+CH_2-CH+$
　　　　　　　　　X　　　　X　　　　X

頭-頭結合：$+CH_2-CH+CH-CH_2+$
　　　　　　　　　X　X

尾-尾結合：$+CH-CH_2+CH_2-CH+$
　　　　　　　X　　　　　　　X

分岐高分子

分岐高分子とは枝別れのある高分子のことであり，形状により次の3種類に大別される。

(a) くし型高分子

(b) 星型高分子

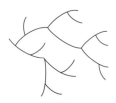

(c) 樹状高分子

トランス型とシス型

ポリイソプレンを例にとると，1,4付加では主鎖中に二重結合が残るために通常の条件下では内部回転は起こらない。これらは幾何異性体である。

$$\left(\begin{array}{c}CH_3 H \\ {}^2C={}^3C \\ {}^1CH_2 {}^4CH_2\end{array}\right)_n$$

シス-1,4-ポリイソプレン

$$\left(\begin{array}{c}CH_3 {}^4CH_2 \\ {}^2C={}^3C \\ {}^1CH_2 H\end{array}\right)_n$$

トランス-1,4-ポリイソプレン

1　高分子材料の成形法

この章での学習目標

① 高分子材料の中でもゴム・樹脂・繊維の違いが理解できる。
② 代表的な樹脂と繊維の成形加工法の名前とその特徴を覚える。
③ 成形プロセスに関わる高分子の挙動や物性について理解できる。

1.1 ゴム・樹脂・繊維の違い

高分子を材料として取り扱っていく際には，高分子鎖1本1本が集まり固体状態を形成した時の全体イメージを考えると理解しやすい。高分子鎖1本はまず重合反応におけるモノマーの結合様式や分子量により**一次構造**（primary structure）が決められる。共重合体の組成や分岐・直鎖状高分子などの先天的な構造であり，コンフィギュレーション（立体配置）という。次に，これら高分子鎖がトランス構造やヘリックス（らせん）構造などの空間的な立体構造（コンフォメーション）となり**二次構造**（secondary structure）をとる。高分子鎖のおかれた環境（溶媒の種類や温度）により変化する構造である。さらに高分子鎖が集合・凝集して実際の固体状態としての**高次構造**（high-order structure）と呼ばれる構造を形成している（図III.1.1）。この集合状態が高分子の物性（例えば，ガラス転移温度：第II編 2.5参照）を決める上で重要な因子となっていて，後述する各種高分子・プラスチック材料の特性に大きく関係してくる（第III編 ❷参照）。

それでは高分子鎖がとる固体状態の全体イメージとはどのようなものか。それは**結晶領域**（crystalline region）と**非晶領域**（non-crystalline region）が混在した集合形態である（第II編 2.3参照）。通常，分子量の小さい低分子化合物は液体状態から温度を下げていくと固体になり，全体が一様な結晶状態となる。一方，分子量が大きく，分子量分布を持つ高分子化合物はそのような結晶状態をとることは難しい。ある部分では高分子鎖が凝集して結晶状態となり，別の部分では高分子鎖の分子運動

が温度低下とともに凍結されるだけで，非晶質（**ガラス状態**，**アモルファス**とも呼ぶ）のまま固体となる。このように，結晶領域と非晶領域が共存する状態が高分子固体の特徴であり，両領域の割合を変えていくことにより用途に応じた材料としての特性が生まれてくる。

両領域の割合により，(a) 非晶領域が多いものを**ゴム**（または**エラストマー**（elastomer）第Ⅱ編 1.7 参照），(b) 両領域が共存する状態のものを**樹脂**（**プラスチック**（plastics）），(c) さらに共存状態でありながら結晶領域が一方向に配列したものを**繊維**（fiber）といったように高分子鎖の配列状態から分類することができる（図Ⅲ.1.2）。以下では樹脂と繊維について詳しく見ていく。

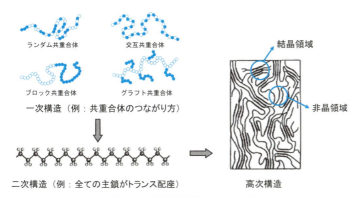

図Ⅲ.1.1　高分子固体のイメージ

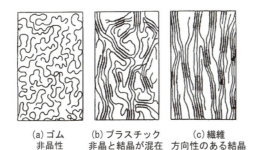

図Ⅲ.1.2　高分子鎖の配列状態の違いに基づく分類

1.2　樹脂の分類

樹脂は現在では**合成樹脂**の意味で用いることが多く，熱的性質により**熱可塑性樹脂**（thermoplastic resin）と**熱硬化性樹脂**（thermosetting resin）に大別される（第Ⅰ編 ❾ 参照）。熱可塑性とは，加熱すると軟らかくなる性質のことであり，プラスチックという言葉は plasticize（可塑化，

樹脂

IUPAC（国際純正・応用化学連合）では，樹脂（resin）という呼称は柔らかい固体状の物質を指しており，熱硬化前のプレポリマーを熱硬化樹脂（thermosetting resin），硬化後のポリマーを熱硬化ポリマー（thermosetting polymer）と区別することが望ましい。

成形可能の意味)に由来する。線状高分子であるポリエチレンやPET(ポリエチレンテレフタレート) など身の周りの多くの材料が該当し，ガラス転移温度 (T_g) または融点 (T_m) まで加熱することにより成形に適した流動性や粘性を調整することができる。これは高分子鎖がお互いに滑りあうためである。また一度作製した成形品を再度溶融させて異なる形状の成形品として再利用することもできる。チョコレートを温めて軟らかくして型に流し込み，冷やして色々な形に取り出せることに似ている (図 III.1.3(左))。一方，熱硬化性とは文字通りに加熱すると硬くなる性質のことである。反応性基をもつ比較的低分子量の出発物質を加熱することにより，これらが三次元的に結合・硬化していき網目状の構造ができる。軟らかいクリーム状の原料から硬いクッキーを焼くイメージである (図 III.1.3(右))。分子鎖間の**架橋反応**に伴う強固な**三次元的網目構造** (three-dimensional network structure) のために，一度成形すれば加熱しても溶融せず，溶媒に溶けることもない。エポキシ樹脂やフェノール樹脂などが該当し，耐熱性や耐薬品性に優れた特性をもっている。

> **架橋高分子**
>
> 架橋反応に伴い，網目構造をもつ高分子は架橋高分子 (crosslinked polymer) や網目高分子 (network polymer) と呼ばれる。架橋形成は共有結合に限らず，静電相互作用や配位結合，水素結合も含まれる。寒天やゼラチンなどは，水素結合によりゲル化して網目を形成する天然高分子である。

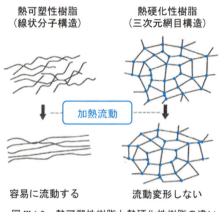

図 III.1.3 熱可塑性樹脂と熱硬化性樹脂の違い

1.3 繊維の分類

繊維とは結晶領域が規則的に配列したものであることを述べたが，形状としては細い糸状の物質である。この一方向に配列した結晶構造を作り出すために後述の延伸 (1.5 参照) という工程が製造工程に盛り込まれている。日常生活において衣服などの素材として使用されていることからもわかるように，実用的な繊維には，ある程度の強度としなやかさが要求される。極性基を有し，分子間の相互作用が強い直鎖状高分子が適しており，それらが何本も撚り集まることにより繊維が形成される。

> **極性基**
>
> 繊維の化学構造には −OH 基，COOH 基，NH_2 基，CONH 基などの水素結合が可能な極性基が多数含まれている。これらは吸湿性に大きく関与しており，衣服の居心地の良否を左右する因子となっている。

分子の対称性が良く結晶性であることや，分子量が十分に大きく強い引張強度もつこと，また加工性の観点から適度な融点とガラス転移温度をもつことが有効となる。

人類が繊維を利用してきた歴史は古く，**四大天然繊維**と呼ばれる麻，綿，絹，羊毛は紀元前にさかのぼる。一方，合成高分子による合成繊維が発展する始まりとなったのは，1930年代におけるDuPont社によるナイロン繊維の開発がきっかけである。このナイロン類（またはポリアミド）を含め，ポリエステル類とアクリル類が**三大合成繊維**と呼ばれている。その他，有機系の繊維には再生繊維のレーヨンや半合成繊維であるアセテート（酢酸セルロース）がある（図III.1.4）。

有機系繊維以外にも，無機系繊維としてガラス繊維，セラミックス繊維，炭素繊維（カーボンファイバー）がある。特に，炭素繊維を樹脂で固めた複合材料は**炭素繊維強化プラスチック**（CFRP：carbon fiber reinforced plastics）として最新鋭の航空機体の半分以上に使用されている（図III.1.5）。安全かつ燃費性能の向上には軽くて丈夫であることが最優先で要求される。このような分野では炭素繊維の高い強度と高分子（樹脂）の軽量性を組み合わせ，単独ではもち得ない優れた機能を引き出していく**複合化**技術が非常に重要となる（3.3参照）。

四大天然繊維

麻

絹

綿

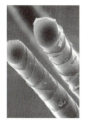
羊毛

三大合成繊維

ナイロン

ポリエステル

アクリル系

図 III.1.4　繊維の種類

図 III.1.5　炭素繊維の様々な用途

1.4 樹脂の成形法

高分子材料に多彩な形状を付与する成形加工法は，汎用性の高い射出成形をはじめ，押出成形，ブロー成形などさまざまある。一般的には，① 材料に流動性あるいは変形性を付与し，② 必要な形状に加工し，③ 形状を保持するように固めるという3つの工程を経る。つまり，「流す・形にする・固める」というステップで所望の形状に加工されていく。工業的な成形加工では，生産効率を高めるために急速な流動および冷却が行われる。以下に各方法についてまとめる。

(1) 射出成形

樹脂を**エクストルーダ**（1.4 (2) 参照）のシリンダー内で加熱・溶融させた後に，金型のキャビティ内へ高圧で射出注入し冷却・固化させることによって成形品を得る方法である。複雑な三次元形状の成形に適しており，**プラスチック成形品の製造に一番多く使用**されている。

射出成形機

ハイブリッド式堅型射出成形機
（日精樹脂工業株式会社）

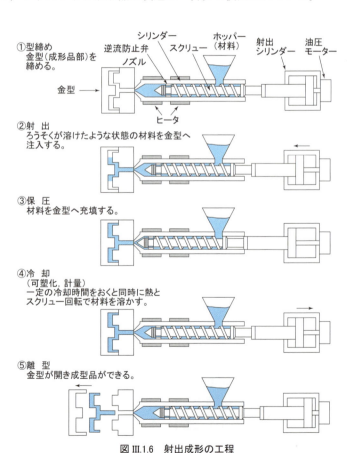

図 III.1.6　射出成形の工程

まず油圧モーターによりスクリューを前進させることによって溶融高分子を成形機の先に設置した金型内に押し込む。スクリューの前進後退とともに、高分子の溶融混練と金型への押し込みが繰り返される。金型を閉じた状態で溶融した高分子を押し込み、最後に冷却固化してから金型を開いて製品を取り出す。

(2) 押出成形

上述の射出成形とほぼ同形の加熱シリンダーとスクリューから構成されている。溶融した高分子は、押出成形機の先端に取り付けたダイ（口金）を通して必要な断面をもつ製品に加工される。例えば、パイプ状の成形ならば環状のスリットをもつ**円筒ダイ**を使用し、板やフィルム、シート状の二次元の成形ならば平行なスリットをもつ**Tダイ**（溶融物を二次元に広げるためのダイ内の形状がアルファベットのT字に似ていることが由来）を使用する。

また、これら混練や押出といった一連のプロセスを行うスクリュー押出機を一般に**エクストルーダ**と呼んでいる。二軸スクリュー押出をはじめ、用途に応じた多種多様なスクリュー設計があり、スクリュー溝内における溶融高分子の流動が重要となる。流動場の影響については1.6で詳しく述べる。

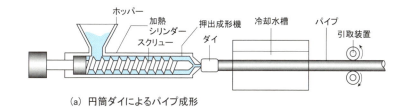

(a) 円筒ダイによるパイプ成形

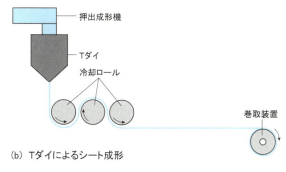

(b) Tダイによるシート成形

図 III.1.7　押出成形の工程

(3) ブロー成形

プラスチック成形品の中で，中空の成形品を得る最も代表的な方法である。押出成形機でパイプ状に予備成形し（これを**パリソン**と呼ぶ），軟化したままのパリソンをボトル状の金型に入れてから，圧縮空気をパリソンの一端から内部に送り込み，金型の形状まで膨らませる。その後，冷却固化して製品を取り出す。**ペットボトル**などの容器の製造に適している。

ペットボトル

ペットボトルの成形においては，押し出しによってボトルの高さ方向への引き伸ばしと，空気の吹き込みによるボトルの周方向への引き伸ばしが起こるため，高分子鎖がボトルの壁面に平行に配列するような配向性を示し，高強度化が達成されている。その他にも，耐熱性を高めるための結晶化処理や耐圧性を高めるためのボトル形状の工夫がなされている。

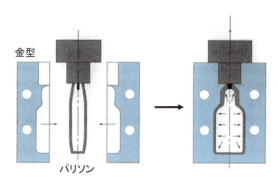

(a) チューブに原料を押し出す　　(b) 型を閉じて空気を吹き込む

図 III.1.8　ブロー成形の工程

(4) 圧縮成形

前述の 1.4 (1) 〜 1.4 (3) の成形法は主に熱可塑性樹脂に適用されるが，熱硬化性樹脂の成形には圧縮成形が利用される。粉末の高分子を金型の隙間に入れて金型を合わせ，加熱しながら金型に圧力を加えていくと，溶融した高分子が隙間を満たして固まり，形状に沿った製品ができる。一般に，熱硬化性樹脂は成形時に縮合・重合反応が生じるため水分やガスが発生する。このためガス抜きを行う工程が必要となり，熱・圧力・時間などで硬化時間が異なる。圧縮成形は設備費が安価で，収縮率が小さく，反りも発生しない利点がある。

バリとショート

主な成形不良の現象としてバリとショートがある。バリとは，樹脂を金型へ流し込んだ際に金型から漏れた樹脂が固化したものである。型に隙間がある場合や樹脂圧が高すぎる場合に起こる。ショートとは，樹脂が全体に行き渡らず成形品の一部が欠ける不完全な状態のことである。溶融樹脂が流れている途中で冷却され固まったり，型内の空気が抜けずに留まることが要因として挙げられる。これらの対策には射出速度や圧力，温度制御のバランスが重要となる。

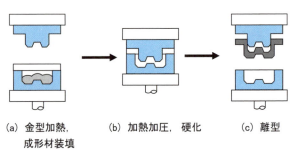

(a) 金型加熱，成形材装填　　(b) 加熱加圧，硬化　　(c) 離型

図 III.1.9　圧縮成形の工程

1.5 繊維の成形法

合成繊維は原料となる高分子を溶媒に溶解あるいは加熱溶融させてノズルから押し出し，細長い形状に固化することによって製造される。この工程を**紡糸**（spinning）と呼んでいる。この紡糸工程では，一般に分子はあまり配向せず，繊維状の材料が得られるだけである。そのため，再度加熱して分子を配向させ，さらに巻き取りを行うことにより一方向に高分子鎖を結晶化させる**延伸**（stretching）工程が後で含まれる。主な紡糸法には**溶融紡糸法**と**溶液紡糸法（湿式と乾式）**とがあり，以下に各方法についてまとめる。

(1) 溶融紡糸法

熱可塑性高分子に対して多用されている方法である（図III.1.10(a)）。原料の高分子を加熱溶融した後，これを空気中や水中に押し出し，冷却して繊維状に凝固させる。最も簡単な紡糸法であり，ナイロン，ポリエステル，ポリエチレンなど多くの繊維がこの方法により製造されている。

(2) 湿式紡糸法

原料の高分子を溶媒に溶かし，ノズルから凝固浴中に押し出し，溶媒を除去して繊維状にする方法である（図III.1.10(b)）。凝固浴には，高分子を溶解している溶媒を溶解するが，高分子自身を溶解しない液が入れられている。このような溶媒を**貧溶媒**（poor solvent）といい，高分子鎖をよく溶解する前者の溶媒を**良溶媒**（good solvent）という（第II編 3.2 参照）。レーヨンやアクリル，ビニロン繊維などがこの方法により製造されている。

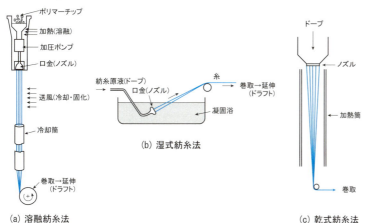

図III.1.10　各紡糸工程

さまざまな繊維断面

吸水性や保湿性，審美性の観点から多彩な断面形状を有する繊維が開発されている。写真は溶融紡糸法により作製されたセルロース系繊維。

〈通常断面繊維〉

丸断面

〈異形断面繊維〉

任意の異形化が可能
（高光沢・高吸収性）

〈中空繊維〉

中空の軽量繊維が得られる

〈海島複合繊維〉

超極細繊維が得られる
（東レ株式会社）

(3) 乾式紡糸法

原料の高分子を溶媒に溶かし，ノズルより紡糸するまでは湿式紡糸法と同じであるが，凝固浴を使用せず，紡糸液を熱した空気中に押し出し，溶媒を蒸発させて繊維状にする方法である（図Ⅲ.1.10(c)）。アセテートやビニロン，ポリエーテルウレタン繊維などがこの方法により製造されている。

(4) その他の紡糸法

液晶状態を発現させ分子配向させてから押し出す**液晶紡糸**やゲル状に分散させておき押し出す**ゲル紡糸**などがある。前者はケブラー（第Ⅲ編 ❷ を参照）などの**剛直性高分子**からの高強度・高弾性率繊維の製造に使用されている。後者は**屈曲性高分子**であるポリエチレンの超高分子量（分子量が百万以上のもの）体から同じく高強度・高弾性率繊維を製造する時に使用されている。ここでゲル紡糸という語句に注意しなければならないのは，三次元網目状の一般的なゲルを形成している訳ではなく，加熱延伸前の形態がコンニャク状で，一見ゲルに似ているためにこの名称がついている。

また1.3で述べた炭素繊維（**PAN系**：ポリアクリロニトリルが原料，**ピッチ系**：石油精製あるいは石炭乾留副産物が原料）は湿式紡糸や溶融紡糸で繊維化したものを空気中で加熱して酸化・不融化後，さらに不活性ガス中で炭化（1000〜2000℃）して製造される（図Ⅲ.1.11）。

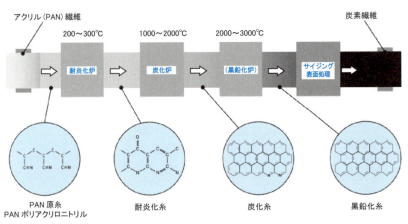

図Ⅲ.1.11　PAN系炭素繊維の製造工程図

1.6 成形プロセスに関わる高分子の挙動

前節において高分子材料である樹脂や繊維の各成形方法を学んだ。いずれのプロセスにおいても，高分子は溶融状態からの流動や冷却過程を経て，固化・延伸されて所望の成形品となる。これら一連のプロセスにおいて成形品の性質を支配する因子に2つの要素がある。それが**結晶化**（crystallization）と**分子配向**（molecular orientation）である。

冒頭1.1でも述べたように，高分子という巨大な分子の特性から，低分子とは異なり，三次元的に規則的な結晶状態に配置することは容易ではない。その結果，結晶化には長い時間を要し，材料の冷やし方によって固まり方の挙動が変化することとなる。

高分子材料はガラス転移温度（第Ⅱ編2.5参照）以上，融点以下の温度範囲で結晶化することができる。この範囲内において，ゆっくり冷やすと高温側で結晶化し，早く冷やすと低温側で結晶化する。**結晶性高分子**の中には，ガラス転移温度が室温より低いもの（ポリエチレンやポリプロピレンなど）と室温より高いもの（ポリエステルやポリアミドなど）が存在する。ガラス転移温度が室温より高い高分子材料を急激に冷やした場合，ほとんど結晶化することなく，ガラス化して固化する。

実際の成形プロセスにおいては流動と冷却が同時に進行する。そのため流動場が結晶化挙動に与える影響を考える必要がある。流動場にある高分子溶融体には応力が加わっており，ある一定の分子鎖の配向が生じている。すなわち，融点以下の高分子溶融体は，静置場と比較して，流動場にある方が容易に結晶化しやすい状態にある。これを**配向結晶化**（oriented crystallization）と呼ぶ。分子鎖の構造を考えた時には，ポリエチレンなどの柔軟な分子鎖を持つ高分子は流動場においても配向しにくい。一方，剛直な分子鎖を持つ高分子は容易に配向する。

それでは繊維の製造工程をもう一度振り返ってみよう。一般的には流動性を付与して糸状にする紡糸工程と，引き伸ばして分子を一方向に配向させ，さらに結晶化させる延伸工程からなっていた。ガラス転移温度が室温より高い高分子を扱う場合，紡糸工程ではガラス化により繊維を固化させ，延伸工程ではガラス転移温度程度に加温して延伸し，分子を一方向に配向させる。その後熱処理により結晶化を十分に行い，耐熱性を付与する。押出成形による二次元のフィルム成形も繊維製造工程と同様に考えることができ，高分子鎖や結晶がフィルム面に対して平行に配向した材料であることが強度の付与につながっている。

最後に，射出成形に代表されるような三次元成形の場合を考えてみる。

シシケバブ構造

流動場で生じる高次構造のモデルとして，伸長鎖晶（シシ）と折りたたみ鎖のラメラ晶（ケバブ）からなるシシケバブ構造が考えられている。名前の由来はトルコ料理の焼肉に似ていることから呼ばれる。

ケバブ：折りたたみ鎖ラメラ晶　シシ：伸長鎖結晶

上記の2成形と比べて，分子配向という観点からは制御性は低く（結晶化部はさまざまな方向に配列している），押出機から金型へ射出される過程ではより複雑な挙動となる。すなわち，射出成形時における表面付近の強いせん断流動による配向と，金型内での冷却過程における中心付近での配向のバランスを考慮する必要がある。近年では，これら複雑な成形挙動の理解を深め，プロセスの最適化を目指した数値解析も進展している。

CAE

CAEとはcomputer aided engineeringの頭文字を取ったもので，製品開発の初期段階からコンピュータを用いた仮想試作・仮想試験を十分に行い，効率的に，高品質な製品開発を行うためのコンピュータ支援技術のことをいう。有限要素法などの数値解析手法を用いたソフトウェアを使用することにより，流体・熱・電磁場などの物理現象を計算できる。現在ではプラスチック製品設計，成形加工において必須技術の1つになっている。

章末問題

問 III.1.1　樹脂と繊維の違いを高分子の結晶状態の違いから説明しなさい。

問 III.1.2　熱可塑性樹脂と熱硬化性樹脂の違いを説明しなさい。

問 III.1.3　三大合成繊維と呼ばれる高分子繊維の名前を挙げなさい。

問 III.1.4　代表的な樹脂の成形法をいくつか挙げ，説明しなさい。

問 III.1.5　代表的な繊維の成形法をいくつか挙げ，説明しなさい。

問 III.1.6　成形プロセスに関わる高分子挙動について説明しなさい。

2 汎用プラスチックとエンジニアリングプラスチック

> **この章での学習目標**
> ① 代表的な汎用プラスチック（特に五大汎用プラスチック）の名前とその特徴を覚える。
> ② 代表的なエンジニアリングプラスチック（特に五大汎用エンジニアリングプラスチック）の名前とその特徴を覚える。
> ③ プラスチックの融点および構造とエンタルピー・エントロピーの関係をもとに，エンジニアリングプラスチックの分子設計について理解できる。

2.1 汎用プラスチック

　私たちの生活の必需品として，高分子材料は身の周りに非常に多く存在している。本章では，私たちの身近にある一般的なプラスチックを取り上げる。

　プラスチック（合成樹脂）は，熱を加えると流動し冷却すると固化することを繰り返すことができる**熱可塑性**（thermoplastic）プラスチックと，熱を加えると硬化する**熱硬化性**（thermosetting）プラスチックに分けられる（第Ⅰ編 ❾，第Ⅲ編 ❶ 参照）。また，主に耐熱性の違いにより分類され，**荷重たわみ温度**（DTUL : deflection temperature under load）が100℃以下の**汎用プラスチック**（general-purpose plastics）と，100℃以上の**エンジニアリングプラスチック**（engineering plastics）（略してエンプラともいう）がある。エンジニアリングプラスチックは，さらに，DTULが150℃以下の**汎用エンジニアリングプラスチック**と150℃以上の**スーパーエンジニアリングプラスチック**（スーパーエンプラ）とに分けられている。エンプラについては次の 2.2 で扱うので，そちらで詳しく取り上げたい。

　汎用プラスチックは，低価格で大量生産されているものであり，そのうち特に生産量が多いポリエチレン，ポリプロピレン，ポリスチレン，およびポリ塩化ビニルを**四大汎用プラスチック**というが，ポリエチレン

> **荷重たわみ温度**
> 　荷重たわみ温度とは，プラスチックの物理的耐熱性の尺度である。試験片を2つの支点に載せ支点間の中央に既定の荷重をかけ，一定速度で昇温して規定のたわみに到達したときの温度を測定する。長らくASTM D 648（USA）の試験法で測定されてきたが，現在の日本の試験法としてはISO（国際標準化機構）75-1,2に準じたJIS K 7191-1, 2, 3がある。

を低密度ポリエチレンと高密度ポリエチレンとに分けるときには，**五大汎用プラスチック**と称する。それらに準じた代表的な汎用プラスチックとしては，ポリメタクリル酸メチル，ポリ酢酸ビニル，そして共重合体（copolymer）ではあるが，いまや私たちの生活になくてはならないものとなった ABS 樹脂がある。では，それぞれについて詳しく見ていこう。

(1) ポリエチレン（PE：polyethylene）

モノマーはエチレンであり，ポリマーの一般的な構造式は図 III.2.1 に示すとおりである。しかし，製造方法の違いにより**低密度ポリエチレン**（LDPE：low density PE）と**高密度ポリエチレン**（HDPE：high density PE），さらには**直鎖状低密度ポリエチレン**（LLDPE：linear LDPE）などがある。LDPE と HDPE それぞれの特徴を表 III.2.1 にまとめた。

$$n\ CH_2=CH_2 \longrightarrow -(CH_2-CH_2)_n-$$

図 III.2.1

表 III.2.1　2 種類のポリエチレンの特徴

	LDPE	HDPE
合成法	高圧法（ラジカル重合）	低圧法（配位重合，Ziegler–Natta 触媒等使用）
構造	分岐多 	分岐少 
密度（g・cm^{-3}）	0.91 〜 0.93	0.94 〜 0.97
荷重たわみ温度（1.81MPa，℃）	32 〜 41	43 〜 54
結晶性	低（非晶領域多）	高（結晶領域多）
フィルムの特性	ほぼ透明，柔軟，伸びやすい	半透明，低柔軟性，伸びにくい

　LDPE は，HDPE に比べ融点や荷重たわみ温度が低く，また，分岐の多い構造のため結晶性も低いことから丈夫さには欠けるが，そのかわり柔軟であるためフィルムやシート状の製品が多い。食品用のラップの多くが LDPE である。ごみ袋に使用されている PE は 2 種類であり，非晶領域が多い（"すき間の多い構造"）のために光透過性が高い LDPE はほぼ透明でやわらかいごみ袋となり，反対に結晶領域が多い HDPE は半透明で"ガサガサ"した触感のごみ袋となる。他の HDPE の用途としては，結晶性が高く硬くて丈夫であることから，LDPE とは異なり射出成形やブロー成形などによる成形品が多い。耐薬品性にも優れていることから化学実験でおなじみのポリ洗浄びん（図 III.2.2）や，灯油用ポリ

タンクなどがその代表例である。

図 III.2.2　ポリ洗浄びん

(2)　ポリプロピレン（PP：polypropylene）

モノマーはプロピレンであり，ポリマーであるポリプロピレン（PP）の一般的な構造式は図 III.2.3 に示すとおりである。

$$n \; CH_2=CH{-}CH_3 \longrightarrow {-}(CH_2{-}CH{-})_n{-}CH_3$$

図 III.2.3

高温高圧下のラジカル重合法では低分子量のアタクチックポリマー（第 I 編 ❻ 参照）となるため，形を保った製品とすることができなかったが，配位重合法（Ziegler-Natta 触媒使用）により高度な立体規則性の制御が可能となり，アイソタクチック構造の PP を合成することができるようになったため，現在あるような数多くの製品が生まれた。結晶性高分子であり，汎用プラスチックの中では融点が高く，変形しにくいため丈夫な材料である。ガラス繊維などとの複合化によりエンプラへとすることができることも，特徴の 1 つとなっている。射出成形品とすることが多く，用途は，雑貨，自動車用品，フィルムやシートなどである。

(3)　ポリスチレン（PS：polystyrene）

スチレンモノマーは重合反応性が高く，工業的には溶媒を用いない塊状または水中での懸濁重合法でラジカル開始剤を用いて合成している。ポリスチレン（PS）の構造式は図 III.2.4 のようになり，ラジカル重合で得られるのはアタクチック構造のものであり代表的な非晶性高分子である。成形加工性，剛性，透明性に優れていて，その透明性を生かしたケース類や食品用容器のふたなどが多く生産されている。また，空気を入れて PS 樹脂を〜100 倍にふくらませたものが発泡スチロール（FS：

foamed styrol）であり，その断熱性を生かした食品用カップや，食品用トレー，梱包材などに使用されている。さらに，スチレンモノマーの高い反応性を利用し，スチレンの脆さを改良した多くの共重合体（copolymer）があり，代表的なものが ABS 樹脂である。2.1（7）で取り上げるので，そちらを見てほしい。

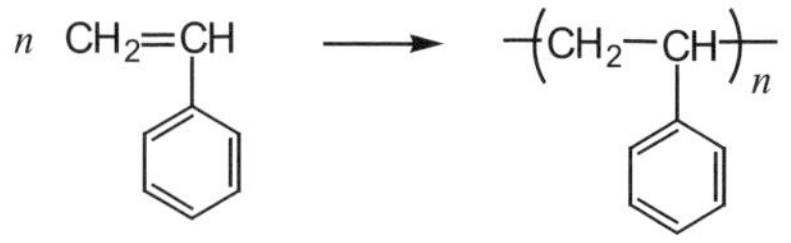

図 III.2.4

(4) ポリ塩化ビニル（PVC : poly（vinyl chloride））

ポリ塩化ビニル（PVC）は，塩化ビニルガスのラジカル重合により合成され，その構造式は図 III.2.5 に示すとおりである。また，類似の構造のポリマーとして**ポリ塩化ビニリデン**（PVDC : poly（vinylidene chloride））がある。

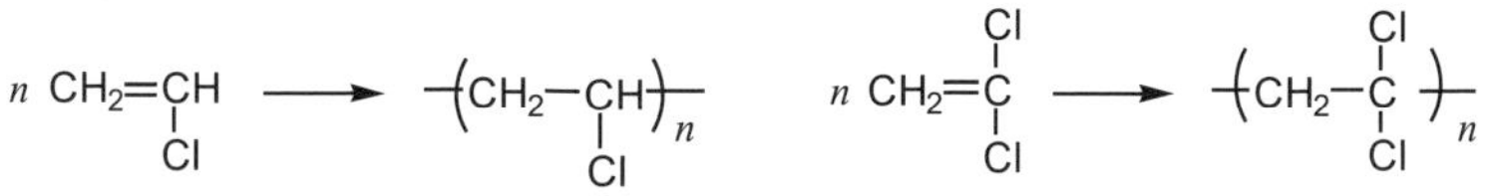

図 III.2.5　ポリ塩化ビニル（左）とポリ塩化ビニリデン（右）の構造式

PVC の特徴は，極性基である塩素をもつため分子間力が非常に大きく，それゆえ強度に優れ硬い材料となる。難燃性に特に優れ，電気絶縁性および耐薬品性も高い。柔軟性を持たせるため可塑剤とよばれる添加剤（普通 30 ～ 40% 加える）を入れたものを**軟質 PVC** といい，可塑剤フリーのものを**硬質 PVC** といって分けている。それぞれの用途は，硬質 PVC ではパイプ，雨どいなど，軟質 PVC ではシート，電線被覆材，人工皮革などである。PVDC は，高い密着性を有しガスバリア性が高く，すなわち保香性に非常に優れているため，食品用ラップとして最適な材料である。耐熱性にも非常に優れている。PVDC に比べ性能が下がるが，PVC も業務用の食品ラップとして広く使用されている。

(5) ポリメタクリル酸メチル（PMMA : poly（methyl methacrylate））

ポリメタクリル酸メチル（PMMA）もまたラジカル重合により合成され，図 III.2.6 に示される構造をもった非晶性高分子である。分子密度

が低いため最も透明性が高いプラスチックであり，"有機ガラス"と呼ばれる．それゆえ PMMA は，コンタクトレンズや顕微鏡のレンズなどの光学製品，光ファイバーなどに使用されている．

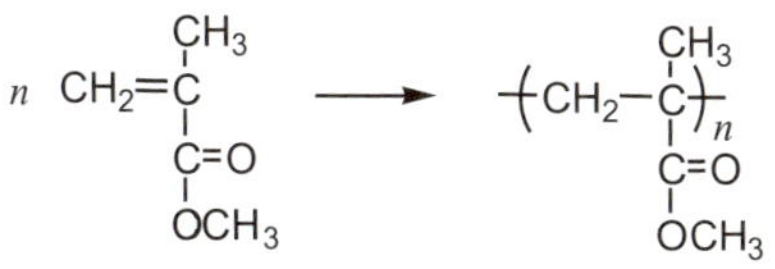

図 III.2.6

(6) ポリ酢酸ビニル（PVAc：poly(vinyl acetate)）

ポリ酢酸ビニル（PVAc）は，酢酸ビニルのラジカル重合により合成される．構造式を図 III.2.7 に示す．用途は，チューインガムのベースおよびポリビニルアルコール（PVA）の生産である．非晶性ポリマーの PVAc をアルカリ加水分解して得られるのが，合成のりやフィルムとして大量生産されている結晶性ポリマーの PVA である．構造式を同様に図 III.2.7 に示す．PVA は，ビニルモノマーを直接重合して得ることができないため，PVAc を経由して合成されている．

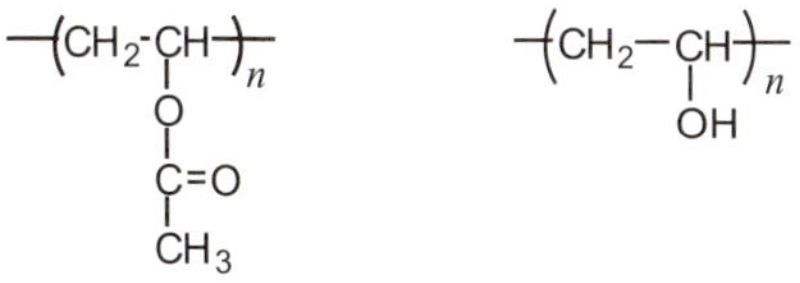

図 III.2.7　ポリ酢酸ビニル(左)とポリビニルアルコール(右)の構造式

(7) ABS 樹脂

アクリロニトリル（A），ブタジエン（B）およびスチレン（S）のグラフト共重合体である（第 I 編 ❸ 参照）．図 III.2.8 にモノマーであるアクリロニトリルと 1,3-ブタジエンの構造を示す．アクリロニトリルは強度と熱安定性に寄与し，ブタジエンは耐衝撃性と強靭性を加えることができ，そしてスチレンは成形加工性，剛性，透明性に優れている．それぞれの比率を調節して，製品樹脂の特性を幅広く変えることができる．用途としては，自動車の内外装部品，各種家電製品などであり，近年広く使われるようになってきた．

図 III.2.8　アクリロニトリル(左)と 1,3-ブタジエン(右)の構造式

2.2　エンジニアリングプラスチック（エンプラ）

いままで述べた汎用プラスチックに比べ，特に耐熱性において優れた工業用プラスチックとして用いられている材料がエンプラである。耐熱性が高いということは，非晶性エンプラにおいてはガラス転移温度が高く，結晶性エンプラでは融点が高いということである。エンプラはまた，高強度・高弾性である。多くのエンプラが熱可塑性である。**五大汎用エンプラ**は，ポリカーボネート，ポリアミド，ポリエステル（特にポリブチレンテレフタレート），変性ポリフェニレンエーテル，そしてポリオキシメチレン（ポリアセタール）である。また，スーパーエンプラとしては結晶性のポリフェニレンスルフィド（PPS），ポリエーテルエーテルケトン（PEEK），全芳香族（液晶）ポリエステル（LCP）など，および非晶性のポリスルホン（PSF），ポリイミド（PI）などが挙げられる。スーパーエンプラは，高温や極低温などの過酷な環境においても安定した寸法精度を保ち，機械的強度も非常に高いため，航空機産業や宇宙開発産業などこれからますます発展していく分野での要求を満たす優れた材料ポリマーである。

(1)　ポリカーボネート（PC : polycarbonate）

すでに，私たちの身の周りの生活用品に広く使われている材料ではあるが，エンプラの1つである。図III.2.9にポリカーボネート（PC）の構造式を示す（第I編 ⑧ 参照）。PCは，汎用エンプラの中で最も機械的強度や透明性に優れている非晶性の材料である。T_g が150℃，DTUL（1.82 MPa）が135℃と高く，透明性，寸法安定性，耐衝撃性が高いことから，用途はCDやDVDなどの光学機器，自動車部品，スマートフォン外装ケース（図III.2.10）や透明板など幅広い。

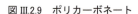

図III.2.9　ポリカーボネート　　図III.2.10　スマートフォン

(2)　ポリアミド（PA : polyamide）

五大汎用エンプラの1つで，結晶性高分子である。ポリアミド（PA）には各種あるが，繊維として開発された6-ナイロン（第I編 5.5 参照），

6,6-ナイロン（第Ⅰ編 8.5 参照）が代表的である。それぞれの構造式を図Ⅲ.2.11 に示す。構造からわかるとおり，アミド結合間の強い水素結合のため分子間力が強く，そのため非常に高い融点を有していて耐熱性が高く，耐摩耗性にも優れている。エンプラとしての用途は，自動車の燃料タンクや，エンジン周辺の部品などがある。

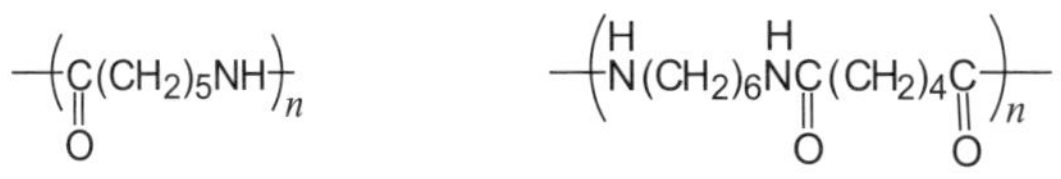

$$-(\mathrm{C}(CH_2)_5NH)_n- \quad -(N(CH_2)_6NC(CH_2)_4C)_n-$$

図Ⅲ.2.11　6-ナイロン（左）と 6,6-ナイロン（右）の構造式

(3) ポリブチレンテレフタレート（PBT：poly(butylene terephthalate)）

ポリブチレンテレフタレート（PBT）もまた，PA と同じく繊維となる結晶性ポリマーであり，図Ⅲ.2.12 に示す構造式をみればわかるようにポリエステルの1つである。同じポリエステルであるポリエチレンテレフタレート（PET）（第Ⅰ編 8.5 参照）の方が私たちにとってなじみ深いが，PET は結晶化が遅いため射出成形材料としては使いづらく（エンプラとして使用するにはガラス繊維強化が必要），これに対して PBT は結晶化速度が速く，射出成形により各種の電子・電機部品，自動車部品などに汎用エンプラとして使用されている。

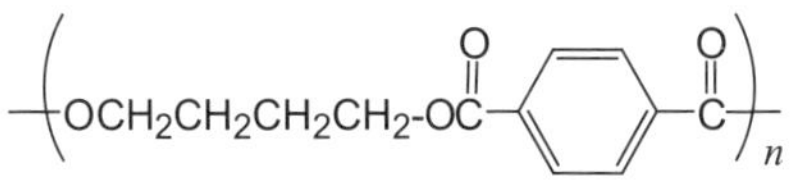

図Ⅲ.2.12

(4) 変性ポリフェニレンエーテル（m-PPE：poly(phenylene ether)）

ポリフェニレンオキシドともいう。その構造は図Ⅲ.2.13 に示すとおりであり，芳香環に結合した2つのメチル基のために内部回転が束縛され剛直な構造となっていることから，非常に高い T_g をもつ。そのため，ポリフェニレンエーテル（PPE）単独では成形しにくく，T_g を下げ射出成形ができるようにする目的で相溶するポリスチレンを加えてある。このことから"変性"PPE と呼ぶ（m は「変性した（modified）」を意味している）。非晶性ポリマーである。耐熱性だけでなく耐熱水性および寸法安定性にも優れていることから，電子・電機部品や機械部品，家電製品などに使用されている。

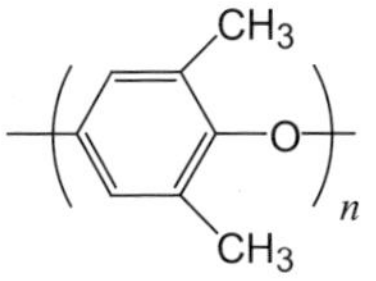

図 III.2.13

(5) ポリオキシメチレン（ポリアセタール）(POM : polyoxymethylene)

これも汎用エンプラであり，構造式を図 III.2.14 に示す。

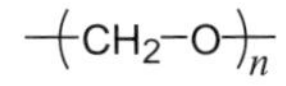

$-(CH_2-O)_n-$

図 III.2.14

ポリオキシメチレン（POM）は，ポリアセタールの 1 つであり，ホルムアルデヒドのアニオン重合により得られ，線状で分子量の大きいポリマーとなる。非常にシンプルな構造であり分子の対称性が高いことや，極性の高い酸素が入っていることから，分子間力が非常に大きく高結晶性ポリマーとなり，耐熱性が極めて高い。また，金属様の性質であり，耐摩耗性が大きく摩擦係数が小さいという特徴がある。そのため，ギヤ，軸受け，およびスプリングなどの機械部品に使用されていて，汎用エンプラとして大変優秀な材料である。

(6) ケブラー（アラミド）繊維

五大汎用エンプラからは外れるが，ケブラー（アラミド）繊維を取り上げよう。ケブラー（Kevlar®）はアメリカの DuPont 社の商品名である。全芳香族ポリアミドすなわちアラミド（aramid）の 1 つである。構造を図 III.2.15 に示すように，芳香環にアミド基が結合しているため分子が屈曲しない，内部回転が束縛されている（剛直な構造である）ことから，高強度・高弾性率のスーパー繊維である。液晶高分子であるため，非常に高い耐熱性をもちながら成形加工性もよいという特徴がある。軽くて非常に強く難燃性のため，用途としては防弾チョッキや消防服，複合材料（強化繊維として），ロープなどである。ゴルフクラブやテニスラケットのフレームなど，スポーツ用品にも広く使用されている。

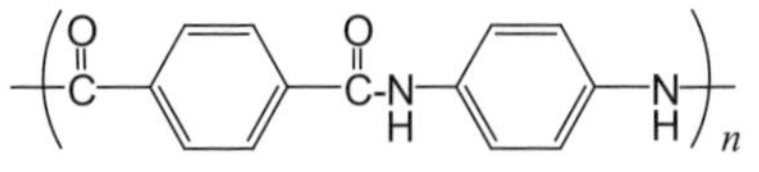

図 III.2.15

(7) エンプラの分子設計

プラスチックは，ガラス繊維などを加える複合化により強化できる。耐熱性，特に荷重たわみ温度が向上する。しかし，耐熱性や機械的強度などを向上させるために，先人たちは「分子設計」を行って新しいエンプラを生み出してきた。例えば，耐熱性を高めるため，分子中に熱に安定な大きな化学結合エネルギーをもつ二重・三重結合，芳香環，複素環，フッ素などを導入し，また，回転などの自由度を減少させたいわゆる"剛直な"構造としている。さらに，アミド構造などがあると，水素結合により分子間力が非常に強くなって分子凝集力が強まり，熱による融解に抗することが可能となる。

耐熱性の目安となるのがガラス転移温度（T_g）や融点（T_m）である。熱力学的には，T_m ではギブズの自由エネルギー変化 ΔG はゼロとなり，T_m でのエンタルピー変化（ΔH）およびエントロピー変化（ΔS）との関係式が以下のようになる。

$$\Delta G = \Delta H - T_m \Delta S = 0 \quad \text{すなわち} \quad T_m = \Delta H / \Delta S$$

したがって，ΔH を大きくし ΔS を小さくすれば，T_m を上げることができる。ここで，ΔH は分子間力に関係する因子なので，分子中に極性基や水素結合ができる構造を導入してやれば ΔH は大きくなり，ΔS は分子の秩序性に関係することから，対称性の高い分子構造としたり分子鎖の回転を束縛するような剛直な構造としたりすることで小さい値となる。T_g についても，T_m と同様の傾向であるので上記の理論で向上させることができる。

以上のようなエンプラの分子設計の例として，2.2(6) 項で取り上げたケブラー繊維がある。構造式をもう一度見てほしい。ケブラーは，芳香環が全パラ配位のため分子の対称性が非常に高く，またアミド基という剛直な構造のため ΔS が極めて小さくなり，かつ，アミド基による分子間水素結合ができる構造をもち，ΔH が大きくなる。このため，T_m が560℃と非常に高くなり，高度の耐熱性をもつのである。また，芳香環による共鳴安定エネルギーを得られるため，熱分解反応が抑制され，一層熱に対して安定化するのである。

章末問題

問 III.2.1 五大汎用プラスチックと五大汎用エンジニアリングプラスチックの名称，構造を示し，その特徴を簡単にまとめなさい。

問 III.2.2 エンジニアリングプラスチックの，汎用プラスチックと比較して優れた点を説明しなさい。

問 III.2.3 エンプラの分子設計において，T_mを高めるためにはΔHを大きくしΔSを小さくすればよいが，どのような分子構造にすればΔHを大きくすることができるか，どのような分子構造にすればΔSを小さくすることができるか，を説明しなさい。また，エンプラの合成には，連鎖重合よりも逐次重合が多用される理由を述べなさい。

3 光や電子・電機分野における機能性高分子材料

この章での学習目標
光や電子・電機分野における様々な機能性高分子材料について理解できる。

3.1 電子・電機分野における高分子

(1) 導電性高分子

2000年に白川英樹博士が「導電性高分子の発見と開発」でノーベル化学賞を受賞したことにより，**導電性高分子**（electro-conductive polymer, conducting polymer）という語が身近となった。高分子は，電気を通さない絶縁材料として用いられてきたが，導電性高分子は電気を通す。導電性高分子として用いられる高分子としては，ポリアセチレンのほか，ポリ（p-フェニレン），ポリ（p-フェニレンスルフィド），ポリアニリン，ポリピロール，ポリチオフェンなどがある（図Ⅲ.3.1）。これらは，**π電子共役系高分子**であり，導電性のグラファイトに類似の構造であるため，電子を分子内に非局在化できる。さらに，π電子共役系の大環状分子が層状に積み重なった（π-πスタッキング）場合には，分子間で電子が移動して導電性を示す。しかし，例えばポリアセチレンだけでは導電率（電気伝導度）が低い半導体である。そのため，電子の移動をより容易にする目的で，ヨウ素，ヒ素やアンチモンなどのフッ化物という電子受容体や，ナトリウムなどの電子供与体のドーピングが施され（図

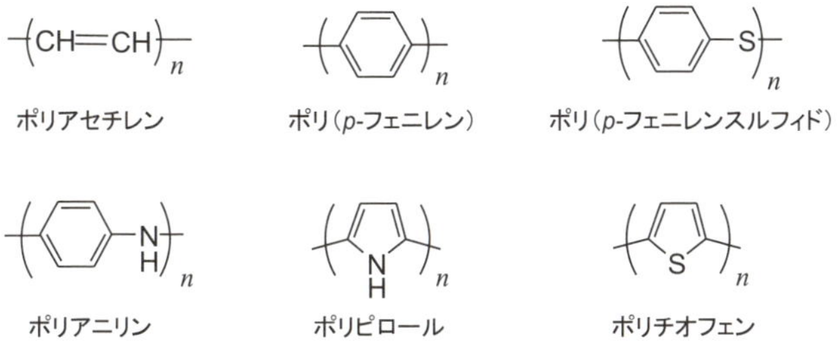

図Ⅲ.3.1 種々の導電性高分子の構造

III.3.2)，結果として金属と同程度の導電体へ変わる。例として *trans*-ポリアセチレンを挙げると，ドープ前の導電率 σ の値は 10^{-5} Scm^{-1} であるが，I_2 や AsF_5 をドープすることで $10^3 \sim 10^4$ Scm^{-1} まで導電率を高めることができる。種々の物質について，室温における導電率を図 III.3.3 に示す。

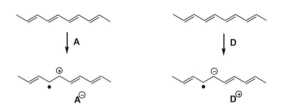

図 III.3.2　*trans*-ポリアセチレンに電子受容体（A）をドープした場合（左）と電子供与体（D）をドープした場合（右）

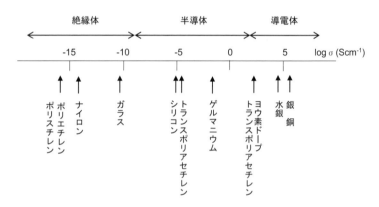

図 III.3.3　種々の物質の室温における導電率

導電性高分子は，各種センサー，表示素子，アクチュエーター，有機 EL など多くの用途へ応用されている。このうち，有機 EL については 3.2 で取り上げる。導電性高分子はまた，その酸化還元反応により電池としての利用が可能となる。一次電池，二次電池，バッテリーなどさまざまな電池とすることができる。その中から，次の（2）では燃料電池を取り上げる。

(2) 燃料電池

高分子材料を使用した先端技術の1つとして，**燃料電池**（FC：fuel cell(s)）がある。燃料を燃焼させて発生した熱を，機械エネルギーに変換したのちさらに電気エネルギーに変える場合に比べ，燃料がもつ化学

的エネルギーを直接電気エネルギーに変換した方が，電気への変換効率が高くなる。大型の燃料電池は主に発電所用となるが，小型化することにより自動車やポータブルコンピュータの電源として使用可能となる。

燃料電池のタイプはいくつかあり，主に電解質の種類や作動温度により分類されている。作動温度については，低温作動（≦200℃），中温作動（約650℃），高温作動（約1000℃）がある。低温作動型電池には，アルカリ型やリン酸型とともに，**固体高分子型**（PEFC：polymer electrolyte FC）がある。現在，自動車用燃料電池の主流は，この固体PEFCとなっている（図III.3.4）。他のタイプに比べ，固体PEFCは常温から容易に起動できることや小型化，高出力化が可能，電池構造がシンプルでメンテナンスも容易，固体のみから構成できるため振動や衝撃に強くなければならない自動車用電池に向いている。

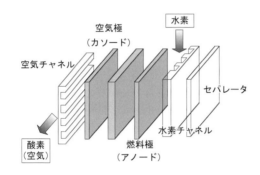

図III.3.4　固体高分子型電池の構造
（公益社団法人　日本電気技術者協会）

例として，2014年12月に発売された燃料電池車「MIRAI」は，充填した水素と空気中の酸素を化学反応させ直接電気を生み出し（反応式III.3.1），この電気によりモーターを回転させて走行する。水素を燃やさず直接的に電気を取り出せるため，ガソリン車やディーゼル車と比較すると，水素を使用した燃料電池車はエネルギー効率が良くなっている。また，電気自動車と比べても，1回の充電当たりの走行距離が非常に長く，充填時間も大変短くて済むという利点がある。MIRAIの燃料電池には，図III.3.5に示すように固体高分子電解質膜が使用されている。燃料電池のひとつひとつのセルの電圧は小さいため，多数のセルを直列で接続して電圧を高めている（「積層（スタック）」している）ので，「FCスタック」，または「燃料電池スタック」という。

【負極（燃料極）】　　$H_2 \rightarrow 2H^+ + 2e^-$

【正極（空気極）】　　$1/2 O_2 + 2H^+ + 2e^- \rightarrow H_2O$

反応式 III..3.1　燃料電池における酸化還元反応

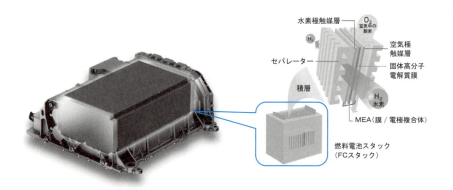

図 III.3.5　MIRAI の燃料電池
（トヨタ自動車株式会社）

　（1）で説明した導電性高分子では，電子がキャリアとなっている。それに対して，イオンがキャリアとなって導電性を示すものが**イオン伝導性高分子**（図 III.3.6）であり，特に燃料電池の固体高分子電解質膜（イオン伝導膜）としては，プロトン伝導性高分子であるフッ素樹脂系のイオン交換膜などが使用されている。その側鎖末端にはスルホン酸基を有するものが主流であり，ナフィオン（Nafion）が有名である。その利点としては，化学的耐久性と機械的強度が高いことなどが挙げられる。また，イオン伝導性に非常に優れている点も挙げられる。また，東レは炭化水素系電解質膜も開発している。固体 PEFC の他の用途としては，アウトドアや災害などの緊急時に使用できる携帯型発電機への使用がある。これも，小型化でき，作動が常温で可能，また，固体のみで構成できるため安全に持ち運べる点が，携帯型発電機用の電池として優れているからである。

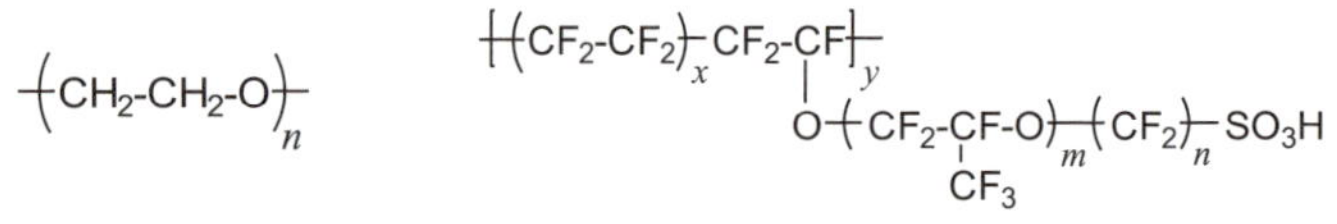

$-(CH_2-CH_2-O)_n-$

ポリエチレンオキシド

$-(CF_2-CF_2)_x-(CF_2-CF)_y-$
$\quad\quad\quad\quad\quad\quad\quad O-(CF_2-CF-O)_m-(CF_2)_n-SO_3H$
$\quad\quad\quad\quad\quad\quad\quad\quad\quad\quad CF_3$

ナフィオン，フレミオンなど

図 III.3.6　主なイオン導電性高分子の構造

3.2 光機能高分子

　高分子の利用方法として，前述の電子材料としての利用以外に，光ファイバー，光センサー，フォトレジストなど光を使った分野への利用も多い。電子をキャリアとした工学がエレクトロニクスなのに対し，光を用いたフォトニクスも盛んになっている。

　光機能をもった高分子の利用例として，**有機 EL**（electroluminescence）がある。有機 EL に用いられる有機材料としては，高分子以外にも低分子の有機化合物があるが，高分子有機 EL の利点として次のようなことが挙げられる。低分子材料に比べて耐熱性に優れていて，インクジェット方式で成膜可能（量産化），そのため非常に薄く作ることができ，自由に曲げられる（フレキシブル）など，加工性がよい。近年，大型の面状発光体の製造が可能となりつつあり，照明器具として使用されてきている。このほか，駆動に要する直流電圧が低くて済むことや，分子構造設計を行うことにより発光色や輝度の設計が容易にできること，自然光に近いなど光の質が高い，などディスプレイや照明用の材料として非常に優れている。現在より製造コストが下がれば，その使用が急速に広まる可能性がある。

　高分子有機 EL 素子の材料ポリマーとしては，3.1（1）で説明した導電性高分子の中でポリ(p-フェニレンビニレン)，ポリ(3-アルキルチオフェン)，ポリ(p-フェニレン)（図 III.3.1 参照），ポリ(9,9-ジアルキルフルオレン)などがある（図 III.3.7）。いずれも π 電子共役系高分子であり，分子全体に電子が広がっている。

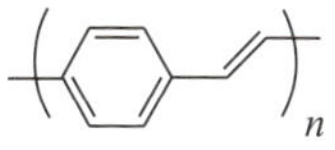

ポリ(p-フェニレンビニレン) 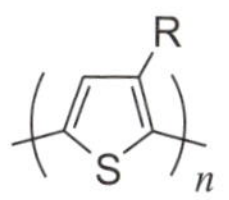　　ポリ(3-アルキルチオフェン)

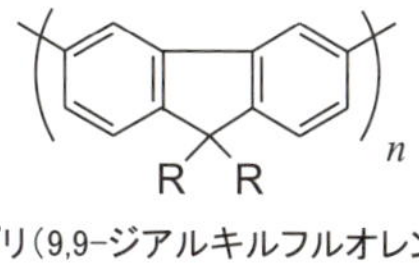

ポリ(9,9-ジアルキルフルオレン)

図 III.3.7　種々の高分子有機 EL 素子材料の構造

3.3 複合材料

複合材料（composite materials）とは，繊維などの充填剤（補強材）をバインダー（マトリックス）となる物質に分散し，1つの組織構造となるよう形成した材料である（第III編❶参照）。充填剤に繊維を用いたものを，特に**繊維強化プラスチック**（FRP：fiber reinforced plastics）という（第I編 9.5 参照）。用いられる繊維は，**ガラス繊維**（GF：glass fiber）や**炭素繊維**（CF：carbon fiber），アラミド（ケブラー）繊維，ホウ素繊維などで，特に CF やアラミド繊維の密度は非常に小さい。また，マトリックスとしてはエポキシ樹脂などのポリマーが使用されることが多く，これらのことから高強度で非常に軽量な材料をつくることができる。FRP は，最近産業分野，特に最新の技術が求められる宇宙，航空機，および自動車産業分野で広く使われている。例えば，ボーイング 787 では CFRP が 50％程度使用されていて，大幅な軽量化による省燃料，つまりはコストダウンできている。もちろん，十分な高強度が保たれている上，金属と違い錆びないというメリットもある。

この他の用途として，船舶や自動車，風力発電用風車の羽根，圧力容器などがある。また，私たちの身近なところでは，ノートパソコンやテニスラケット・ゴルフクラブのシャフトなど，幅広い領域で使用されている。圧力容器の例としては，次のものを挙げる。3.1 (2) で紹介した燃料電池車「MIRAI」には高圧水素タンクが搭載されているが，安全に水素を封じ込めることができるよう，タンクには 70 MPa の高圧に耐える性能が求められる。さらに，燃費向上のため軽量化も図る必要がある。そのため，プラスチックライナー，CFRP 層，および表面保護のための GFRP 層という三層構造とする工夫をしている（図III.3.8）。

図III.3.8　MIRAI とその高圧水素タンク

（トヨタ自動車株式会社）

章末問題

問 III.3.1 3.1 (1) で挙げた高分子以外にもさまざまな導電性高分子がある。調べて，いくつかの例をその仕組みとともに挙げなさい。

問 III.3.2 燃料電池のうち，他のタイプと比べた固体高分子型の利点を挙げなさい。

問 III.3.3 燃料電池の固体高分子電解質膜として多く使用されているのはフッ素樹脂系であるが，代わりに炭化水素系電解質膜を使用した場合，どのような利点が考えられるか。炭化水素系電解質膜の構造を調べ，これをもとに利点をいくつか挙げなさい。

問 III.3.4 光機能高分子の例として光ファイバーがあるが，用いられている高分子材料を調べて例を挙げ，屈折率と光ファイバーの関係についても例示しなさい。

問 III.3.5 高分子有機 EL の利点を挙げなさい。

4 バイオ・医療分野における高分子材料

この章での学習目標
① バイオマテリアルとして機能するための高分子の特性を理解できる。
② さまざまな高分子バイオマテリアルの用途と特徴を理解できる。

4.1 生体材料（バイオマテリアル）の種類

近年の細胞操作技術の進歩は目覚ましく，様々な組織や臓器の細胞に分化する能力をもつ日本発の人工多能性幹細胞（induced pluripotent stem cell），いわゆる iPS 細胞の作製は，再生医療分野において大きな期待が寄せられている。さらには，生体由来の細胞や組織をベースとする人工臓器を 3D プリンターで立体造形する試みも始められている。このような直接的な細胞操作のみならず，生体組織と接触させることを目的とするバイオマテリアルにはさまざまな素材が使用されている。これまで述べてきたように，高分子材料は優れた加工性や自由度の高い分子・材料設計が可能である。これらの利点を活かした**ポリマーバイオマテリアル**は，人工臓器やカテーテル，細胞培養基材など多様な用途がある。高分子材料を含め，金属材料，セラミックス材料を**三大生体材料**と呼ぶ。表 III.4.1 にこれらの特徴をまとめる。

3D バイオプリンター

3D プリンティングの製造方法としては，「熱溶解積層方式」，「インクジェット方式」「光造形方式」などがある。液状樹脂の積層により立体造形が行われる。最近では人間の細胞や組織を同様に積層していく「3D バイオプリンター」の技術が進展している。

4.2 生体適合性ポリマー

高分子材料をバイオマテリアルとして機能させるにはどのような設計指針が必要となるだろうか。生体には，生命を維持するためにさまざまな防御機構が備えられている。例えば，ウイルスや細菌などの外敵から身を守るための免疫系，ケガをした時の出血を防ぐための血液系，傷の修復を司る自己治癒システムなどが挙げられる。同様の防御反応は，人工材料により治療を行う際にも発現するため，効果的な治療が妨げられてしまう場合がある。この問題を解決するために，「生体に優しく，な

表 III.4.1　三大生体材料の特徴

	金属材料	セラミックス材料	高分子材料
圧縮強度	大	大	中
曲げ強度	大	中	大
靭　性	大	小	大
硬　さ	中	大	小
密　度	大	中	小
長　所	適度な弾性・剛性，導電性	生体内不活性，生体吸収性の付与が可能。耐摩耗性が高い	軽くて柔らかい，物性の調製が容易，材料の加工・修飾が容易，材料設計の柔軟性大，生体適合性の付与が容易
短　所	腐食しやすい，重い	もろい，加工性が低い	熱に弱い，耐久性が高くない
用　途	ねじ止めなどの固定具，大きな加重のかかる関節・人工心臓，その他構造維持素材，電極・リード線	硬組織（骨，歯など）代替，高分子との複合化による歯の充填材	利用範囲は広い，人工臓器／血管，コンタクトレンズ，縫合糸，カテーテル，輸血セット，薬物徐放担体，細胞培養基材

じみの良い性質：**生体適合性**（biocompatibility）」を材料に付与しなければならない。

　高分子材料が生体組織や血液と接触すると，上述のように生体は材料を異物として認識するため，血栓形成（血液の固まり），免疫反応，炎症反応などが引き起こる。これら反応の中で最初に引き起こる現象が材料表面への**タンパク質吸着**である。吸着したタンパク質の状態（吸着種，吸着量，配向構造など）を細胞が認識し，その情報が細胞レベルの反応に伝達されるためである。このことから，タンパク質吸着をいかに抑制する材料表面を作製するかがポイントとなる。タンパク質の不可逆的な吸着は血液透析膜や血液ろ過膜などの機能低下にもつながる。以下に，代表的なポリマーバイオマテリアルによる表面制御法を挙げる。

(1) 親水性高分子鎖のグラフト化

　ポリエチレングリコール（PEG）に代表される親水性高分子を表面からグラフト化する手法がある。**グラフト**（graft）とは接ぎ木（つぎき）を意味しており，1本の幹ポリマー（主鎖）から多数の枝の生えた形に類似する。また基板上から成長したグラフト高分子は**ポリマーブラシ**（polymer brush）と呼ばれる。PEGブラシは，高分子鎖セグメントが同じ点を同時に占めることができない**排除体積効果**（excluded volume effect（第II編3.2参照））に起因する空間的な拡がりと，「ミクロな運動」の2つの効果によりタンパク質の接近を妨げることができる（図

III.4.1）。しかしながら，鎖長やグラフト密度を適切に設計しないと吸着を促進することもあるため，条件検討には注意しなければならない。

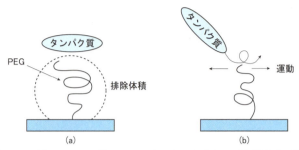

図 III.4.1　ポリエチレングリコール（PEG）によるタンパク質吸着の抑制

（2）ミクロ相分離構造の利用

前述の PEG ブラシのように単一構造を表面に配置するのではなく，互いに混ざり合わないポリマーを混合することで得られる**ミクロ相分離**（microphase separation）を利用する手法がある。**ブロック共重合体**（block copolymer）として異種ポリマーを結合することにより，相分離が制限された**ミクロドメイン構造**（microdomain structure）を得ることができる。このような不均一構造を表面に導入した場合，優れた抗血栓性を示す。例えば，親水性のポリヒドロキシエチルメタクリレート（PHEMA）と疎水性のポリスチレン（PSt）からなるブロック共重合体は，ドメインサイズが約 20 nm の時に良好な抗血栓性を示す（図 III.4.2(a)）。疎水性

ミクロ相分離構造

分子間力，組成および分子量に応じて海島構造，シリンダー構造，ジャイロイド構造，ラメラ構造が形成される。

海島構造

シリンダー構造

ジャイロイド構造

ラメラ構造

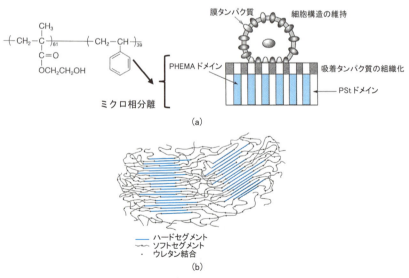

図 III.4.2　(a) PHEMA-PSt ブロック共重合体によるミクロドメイン構造と生体適合性の発現
(b) ポリウレタンブロック共重合体によるミクロドメイン構造

ドメインに免疫グロブリン（抗体）が，親水性ドメインにアルブミンが吸着して組織化する結果，血小板の吸着サイトが分散してその活性化が抑制されると考えられている。

結晶性の**ハードセグメント**（ウレア結合部）と非晶性の**ソフトセグメント**（ポリエーテル部）からなるポリウレタンブロック共重合体もまたミクロドメイン構造を形成し，有効な抗血栓性を示すことから人工心臓に利用されている（図III.4.2(b)）。

（3）細胞膜類似表面

上記(1)，(2)のポリマーバイオマテリアルはいずれも合成高分子からなり，主にタンパク質吸着の抑制，あるいは特定のタンパク質を吸着させることにより生体適合性を獲得している。一方，血管内皮表面（細胞膜）は抗血栓性表面として最も理想的であり，リン脂質が高度に配向した二分子膜から構成されている。この電気的に中性な**ベタイン構造**（同一分子内に正電荷と負電荷が存在し，電荷中和している構造）をとるリン脂質極性部位（ホスホリルコリン基）を模倣したポリマーが優れた生体適合性を示すことが明らかになっている。**2-メタクリロイルオキシエチルホスホリルコリン（MPC）**を一成分として有するMPCポリマーは，すでに人工心肺，ステント，コンタクトレンズなど様々な医療製品の表面処理材として利用されている（図III.4.3）。

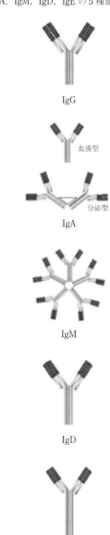

免疫グロブリン

抗原（異物）と特異的に反応する抗体であり，免疫グロブリンには，IgG, IgA, IgM, IgD, IgEの5種類がある。

IgG

IgA（血清型／分泌型）

IgM

IgD

IgE

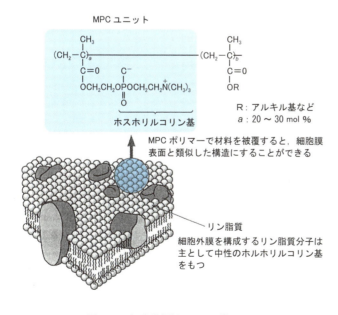

図III.4.3　細胞膜類似のMPCポリマー

アルブミン

アルブミンは，約600個のアミノ酸からできた分子量約66,000の比較的小さなタンパク質である。アルブミンは血漿タンパクのうち約60％を占めており，100種類以上あるといわれる血漿タンパクの中で最も量が多いタンパク質となっている。

その他，本編 ❷ で学習した汎用プラスチックも多数，医療分野で活躍している。例えば，超高分子量ポリエチレン（PE）は，機械的強度や耐摩耗性に優れていることから，人工関節に利用されている。ポリ塩化ビニル（PVC）はカテーテルのチューブや血液バッグに，透明性の高いポリメタクリル酸メチル（PMMA）はコンタクトレンズや眼内レンズといった眼科用材料に使用されている（図 III.4.4）。ここでは詳しく述べなかったが，天然・生体由来の高分子（コラーゲン，ポリペプチド，多糖類など）もポリマーバイオマテリアルとして活用されている。これらについては，表 III.4.2 にまとめて記す。

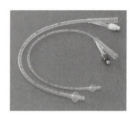

図 III.4.4　各種医療デバイス

表 III.4.2　各種ポリマーバイオマテリアルの用途

用途		用いられる材料
透析膜		セルロース，酢酸セルロース ポリアクリロニトリル，ポリメタクリル酸メチル，ポリスルホン，ポリエーテルスルホン，エチレン－ビニルアルコール共重合体
血漿分離膜		ポリエチレン，ポリビニルアルコール
人工肺膜	均質膜	シリコーン樹脂（ポリジメチルシロキサン）
	多孔質膜	ポリプロピレン
人工血管		ポリエステル（PET），繊維編織物，延伸テフロン
人工関節		高密度ポリエチレン
ハードコンタクトレンズ		ポリメタクリル酸メチル，シリコーン樹脂
ソフトコンタクトレンズ		ポリヒドロキシエチルメタクリレート
眼内レンズ		ポリメタクリル酸メチル，シリコーン樹脂
輸液バッグ		ポリエチレン，エチレン－酢酸ビニル共重合体
血液バッグ		ポリ塩化ビニル
カテーテル	短期	ポリ塩化ビニル，ポリエチレン，ポリウレタン，シリコーンゴム
	長期	セグメント化ポリウレタン，メタクリル酸ヒドロキシエチル－スチレンブロック共重合体
バルーンカテーテル		ポリウレタン，PET，ナイロン
血液ポンプ（人工心臓）		ポリウレタン，セグメント化ポリウレタン
血液回路		ポリ塩化ビニル，シリコーン
手術用縫合糸	非吸収性	絹糸，ナイロン，ポリプロピレン
	吸収性	コラーゲン，ポリグリコール酸，ポリ乳酸，キチン

以上，生体適合性の観点から高分子材料を眺めてきた。材料表面・界面の構造が，吸着するタンパク質の動態に影響を及ぼし，これを起点として細胞レベルの反応へと伝達される。併せて，生体を構成する分子の70%が水であることや，血液の主成分が水であることを考えると，高分子材料とタンパク質間には必ず水分子が媒介していることを忘れてはならない。生体物質は常に水和状態で，その機能を発現している。今日では，高分子材料に吸着した水分子の動態（結晶形成や水素結合ネットワーク）を示差走査熱量法や振動分光法などで観ることにより，間接的に生体適合性を評価する研究も精力的に進められている。

4.3 細胞培養基材

iPS細胞をはじめ，細胞を適切に分化誘導し，組織再生へと導くためには，細胞が集団形成するのに適当な足場として**細胞培養**（cell culture）**基材**が必要となる。現在，細胞培養にはポリスチレン（PS）やガラスなどの培養皿が汎用されている。細胞はフィブロネクチンなどの**細胞接着タンパク質**を介して培養皿に接着する。一般的な細胞培養には，PS表面にプラズマ処理を施し，親水性官能基を導入して適度な親水性を持たせることにより，細胞接着性を改善した組織培養用PS（TCPS：tissue culture polystyrene）が用いられている。ただし，あまりに親水性が高すぎると，材料表面の水分子が細胞と接着タンパク質間の相互作用を阻害するために，接着効率が下がってしまう。一方，疎水性が高すぎると，疎水性の高いタンパク質が優先的に吸着することにつながり，結果として適当な細胞接着は行われない。細胞培養においても，前節同様に材料表面・界面の物理化学的特性が影響する。最終的には培養細胞を培養皿から剥離・回収する。この際に，通常ではタンパク質分解酵素であるトリプシンで処理することにより，細胞接着タンパク質を分解して細胞を脱着する。

近年では，**温度応答性ポリマー**を培養皿にグラフト化し，温度に応じて表面の疎水性‐親水性を変えることにより細胞を脱着する技術が開発されている（図III.4.5）。適用されたポリマーは，**下限臨界共溶温度**（LCST：lower critical solution temperature，ポリマーがその温度以上になると不溶性となり，それ以下では溶解する温度（第II編3.5参照））を示すポリ（N-イソプロピルアクリルアミド：PNIPAAm）である。PNIPAAmの場合，LCSTは32℃付近であり，これより低い温度ではポリマー鎖が十分水和し溶解している。LCST以上では，脱水和が急激に進行し，ポ

示差走査熱量測定（DSC）

DSC（differential scanning calorimeter）は，熱分析の主要な測定法の1つで，原子・分子の集合体としての物質の熱的性質を測定する方法である。定義としては，「物質および基準物質の温度を調節されたプログラムに従って変化させながら，その物質と基準物質に対するエネルギー入力の差を温度の関数として測定する技法」である。高分子材料にとって重要な解析手段であり，ガラス転移温度や反応熱，転移熱の定量，比熱を測定することができる。

振動分光法

人間の目で見える電磁波は，波長が380 nm（紫色）から780 nm（赤色）という電磁波のわずか一部分に過ぎない。電磁波を物質に当てたときの吸収と放出を測ることにより，原子や分子内に起こるさまざまな過程について調べることができる。その中で，赤外光（波長が780 nmより長い光）は分子内の振動や回転のエネルギー準位に相当するので，その吸収に基づく測定法を振動分光法と呼ぶ。振動分光を行う方法として代表的なものに赤外光を当ててその吸収をみる赤外分光法と光の散乱をみるラマン分光法がある。

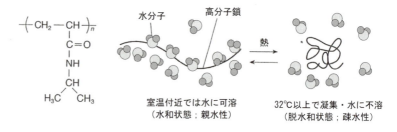

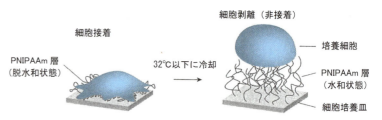

図 III.4.5　ポリ(N-イソプロピルアクリルアミド)が示す温度応答性機構と培養基材への応用
（松浦和則ほか，『有機機能材料　基礎から応用まで』，講談社）

リマー鎖が収縮することにより疎水化して不溶性となる。この原理を利用して，37℃付近で細胞を播種すると，PNIPAAm層は疎水性となり，細胞接着タンパク質を介して細胞が接着する。培養後，低温条件（20℃付近）にするとPNIPAAm層は親水性となり，細胞接着タンパク質ごと剥離する。興味深いことに，トリプシン処理後の培養細胞と比較して，本手法で得た細胞は，細胞機能を維持したまま，シート状に回収することができる。細胞シートは眼の角膜や心臓への細胞移植に成功している。

4.4　薬物送達を担う高分子材料

　1928年のペニシリンの発見以来，さまざまな抗生物質が開発され，我々の寿命は大きく延びることとなった。製薬業界の発展は目覚ましく，現在世界で80兆円規模の製薬業界が世界中の患者を治療すべく活動している。もちろん，前述のポリマーバイオマテリアルによる各種人工デバイスの寄与も大きいが，生体内へ直接投与される薬物による治療は，医療行為の中でも極めて重要な役割を担っている。そこで薬物の毒性や副作用，投与回数を抑え，薬効を高める手段として**薬物送達システム**（DDS：drug delivery system）が考案された。この「必要な時に，必要な場所（患部）に，必要な量」の薬物送達を目的とするDDSでは，薬物の体内動態を時間的かつ空間的に制御するさまざまな工夫がなされている。

　DDSにおいて**薬物の担体（キャリア）**として働く高分子材料には，標的部位へ的確に輸送する「**ターゲッティング**」と薬物を放出制御する

「コントロールリリース」と呼ばれる 2 つの機能が求められる。また生体内で異物として認識され，そのまま排泄されてはキャリアとしての意味がなくなるために，4.2 で言及した生体適合性も材料設計において加味しなければならない。この高分子キャリアには，薬物を直接高分子に結合させるタイプ（**高分子化プロドラック**と呼ばれる）と，薬物を高分子微粒子のカプセル内に包含するタイプがある（図 III.4.6）。前者は結合が切れた時に初めて薬効を示すシステムであり，放出制御もできる点で有用である。薬物の多くは疎水性化合物であることから，後者で使用する分子構造は両親媒性を示すものが望ましく，**高分子ミセル**（polymer micelles）がその代表である（図 III.4.7）。**ミセル**（micelles）構造とは，一般には石けんなどで使用されている界面活性剤の分子集合体の一種であり，内側が疎水性，外側が親水性の形態をとる。高分子ミセルも同様で，疎水性ブロックと親水性ブロック（生体適合性ブロック）からなる**両親媒性ブロック共重合体**から形成される。4.2 の (2) で言及した相分離現象と類似しており，水中で疎水性ブロックが溶解せず凝集しようとし，一方の親水性ブロックは溶解して分散しようとする疎水性相互作用が自己集合の駆動力である。高分子ミセルの利点は，分子量などに応じて粒径を 10 〜 100 nm の範囲で調整できることであり，優れた血中滞留性を示す。

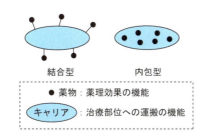

図 III.4.6　高分子キャリアの形態

(高分子学会編集,『最先端材料システム One Point 9 ドラッグデリバリーシステム』, 共立出版)

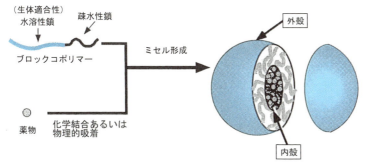

図 III.4.7　高分子ミセルによる薬物キャリアシステム

(高分子学会編集,『最先端材料システム One Point 9 ドラッグデリバリーシステム』, 共立出版)

章末問題

問 III.4.1　生体適合性材料について説明しなさい。

問 III.4.2　ポリマーバイオマテリアルによる表面制御法を挙げなさい。

問 III.4.3　医療用デバイスに用いられている高分子とその用途を挙げなさい。

問 III.4.4　細胞培養皿からの細胞脱着技術の1つに温度応答性ポリマーの利用がある。その代表的なポリマーとして下限臨界共溶温度（LCST）を示すポリ（N-イソプロピルアクリルアミド）がある。この温度応答性機構について説明しなさい。

問 III.4.5　必要な時に，必要な場所（患部）に，必要な量の薬物送達を目的とする手段を英語で何と呼ぶか。

5 環境分野における高分子材料

> **この章での学習目標**
> ① 高分子材料の様々なリサイクル技術を理解できる。
> ② 生分解性ポリマーの種類や特徴を理解できる。

5.1 高分子材料のリサイクル

本編 ❷ で学んだように，プラスチックは私たちの生活を豊かにする材料として，実に多くの場面で活用・消費されている。日本のプラスチック材料の生産量は年間 1000 万トンを超え，原料のほとんどは原油を精製してできるナフサ（粗製ガソリン）を使用している。枯渇資源の有効利用に加え，最終処分場の余力が乏しくなってきたことによる廃プラスチックを含めた廃棄物の処理問題も深刻化している。このような社会的要請を背景にして，高分子材料のリサイクルに関する意識が高まり多くの手法が実用化されている。今後の**循環型社会**構築に向け，PET ボトルの分別回収など（図 III.5.1），私たち一人一人が身近に取り組めることを再認識しなければならない。

高分子材料のリサイクル方法は次の 3 つに大別することができる。

（1）マテリアルリサイクル（再生利用）

素材から素材へのリサイクル法であり，分別回収したプラスチックを再生処理場で選別・分離・洗浄して再ペレット（造粒）化する。再生原料として，繊維工場やシート製造工場に送られ，溶融後，再び製品に加工される。このように，マテリアルリサイクルのためには，単一樹脂としての分別回収と，回収・再生処理のコスト低減が必要不可欠である。また繊維強化複合材料については，加熱溶融成形してリサイクル成形品を得る方法はまだ確立されていない。多くが埋め立て処分されており，早期の技術開発が望まれている。

プラスチック製容器包装につけられるマーク

PET
ペットボトルにつけられるマーク。素材はポリエチレンテレフタレート

HDPE
高密度ポリエチレンにつけられるマーク

PVC
ポリ塩化ビニルにつけられるマーク

LDPE
低密度ポリエチレンにつけられるマーク

PP
ポリプロピレンにつけられるマーク

PS
ポリスチレンにつけられるマーク

OTHER
そのほかのものにつけられるマーク

図 III.5.1　リサイクルマーク

(2) ケミカルリサイクル（原料・モノマー化, 高炉原料化, 油化）

原材料の循環利用として期待されているモノマー化技術は，高分子を熱分解などによりモノマーまで戻して（解重合(depolymerization)と呼ぶ），再度プラスチック化する方法である。高炉原料化とは，製鉄所で鉄を作る過程で廃プラスチックを利用する方法である。コークスと共に投入することにより，鉄鉱石の主成分である酸化鉄を還元する働きを利用している。石油が原料であるプラスチックを，製造と逆のプロセスを経ることにより石油を取り出そうとするのが油化である。しかしながら，エネルギー投入量が多くなることや原油状の生成物の再精製が必要となることから，大きな進展はない。

(3) サーマルリサイクル（ガス化, セメント原燃料化）

廃プラスチックの燃却の際に発生する熱，排ガスを新たなエネルギー源として活用する方法である。例えば，廃タイヤなどはセメント製造における補助燃料として再利用されている。

近年では，製品の資源採取から原材料製造，加工，組立，製品使用，さらに廃棄にいたるまでの全過程（ライフサイクル）における環境負荷を総合して，科学的，定量的，客観的に評価する **LCA**（ライフサイクルアセスメント）の考え方も，リサイクルを行う上で重要となっている。

5.2 生分解性ポリマー

2015年のノーベル医学・生理学賞は，寄生虫薬開発に貢献した日本人研究者大村　智 博士に与えられた。微生物のもつ優れた生産能力に着目した研究成果であった。高分子材料開発においても，リサイクル技術の推進とともに，微生物により分解可能な**生分解性**(biodegradability)を有するポリマー開発が環境低負荷に大きく寄与する。微生物による分解は，酵素による加水分解や微生物の体内にて資化され，最終的に水，二酸化炭素に変換される。自然に還る，循環する高分子の意味合いから，**グリーンポリマー**（もしくはグリーンプラスチック）とも呼ばれている。近年では，海洋プラスチック問題の解決に向けた海洋生分解性ポリマーも注目されている。

生分解性ポリマーは次の3つに大別することができる（表III.5.1）。ここでは特に，微生物がつくる高分子と動植物由来の高分子について述べる。

大村　智 博士 (1935〜)

北里大学特別栄誉教授（薬学博士・理学博士）。

山梨県韮崎市出身。山梨大学を卒業後，都立高教諭を経て東京理科大学大学院修士課程修了。その後，米国ウエスレーヤン大学客員教授などを経て，北里研究所所長を長く務める。微生物の生産する有用な天然有機化合物の探索研究を長年行い，これまでに480種を超える新規化合物を発見し，それらにより感染症などの予防・撲滅，創薬，生命現象の解明に貢献している。2015年ノーベル生理学・医学賞受賞。

表 III.5.1　生分解性ポリマーの例

植物および動物由来の天然高分子	多糖類（セルロース，デンプン，アルギン酸） アミノ多糖類（キチン，キトサン） タンパク質類（グルテン，ゼラチン，コラーゲン，ケラチン） 天然ゴム
微生物由来の高分子	微生物多糖類（セルロース，プルカン，カードラン） 微生物ポリアミノ酸（ポリグルタミン酸，ポリリジン） 微生物ポリエステル（ポリヒドロキシアルカノエートおよびのそ共重合体）
化学合成高分子	ポリグルタミン酸 ポリビニルアルコール ポリエーテル（ポリエチレングリコール） 脂肪族ポリエステル（ポリ乳酸，ポリグリコール酸，ポリヒドロキシアルカノエート，ポリラクトン，ジカルボン酸とジオールのポリエステル）

(1) 微生物がつくる高分子

多くの微生物が何億年も昔からその体内に，エネルギー貯蔵物質としてヒドロキシアルカン酸をモノマーユニットとするポリエステル類を合成・蓄積している。1925年に初めて発見されたポリエステルはポリ-3-ヒドロキシブチレート（P3HB）であったが，結晶性が高いために脆く，加工性にも優れていなかった（図 III.5.2）。その後，微生物のえさ（炭素源）を選択することにより，3-ヒドロキシバリレート（3HV）を含むポリエステル共重合体（P(3HB-3HV)）が生産可能であることがわかった。興味深いことに，炭素源の調節を行うことにより，この共重合組成比を制御することができる。汎用プラスチックと同程度の物性値を示し，硬い材料から柔らかい材料までさまざまな特徴をもつ材料開発が可能となった。

また，セルロースをはじめとする**多糖類**（polysaccharide）も多く見出されている（図 III.5.3）。ある微生物が生産するセルロース繊維（**バクテリアセルロース**）はナタデココというデザートの成分としてよく知られている。ナタデココの，そのコリコリとした食感はナノオーダーの繊

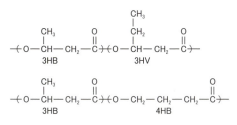

図 III.5.2　微生物がつくるポリエステル共重合体

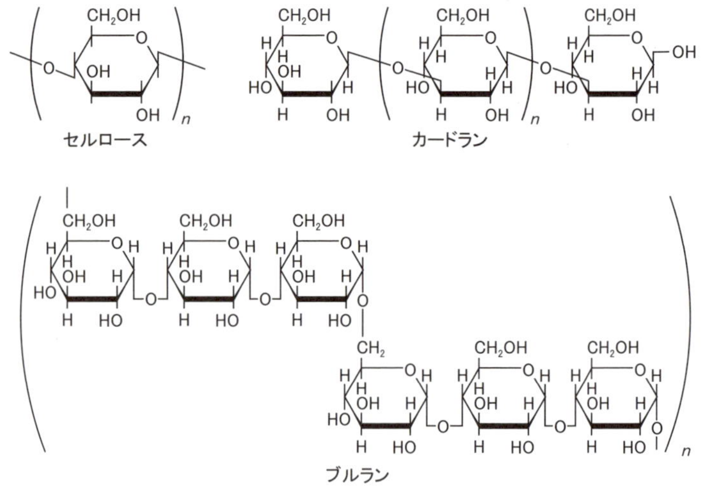

図 III.5.3　代表的な多糖類

維による緻密なネットワーク構造によるものである．後述する植物由来のセルロース繊維径が数 10 μm であるのに対し，バクテリアセルロースの場合は数 10 nm 程度と非常に細い．食品の他にも，スピーカーの音響振動板や人工血管，UV カット材など幅広い応用がなされている．

(2) 動植物由来の高分子

　セルロース (cellulose) は地球上で最も多く存在する天然高分子であり，紙，パルプ，衣料など幅広く利用されている．樹木の木部にはセルロースの他に，ヘミセルロースとフェノール性高分子化合物のリグニン

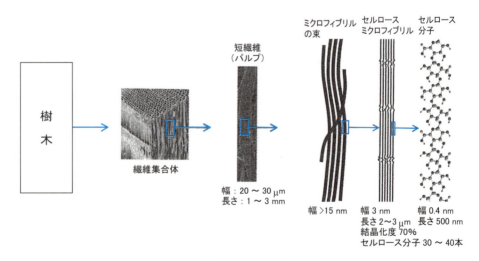

図 III.5.4　樹木セルロースの階層構造
(ナノセルロースフォーラム編，『図解 よくわかるナノセルロース』，日刊工業新聞社を参考にした)

が主成分として含まれている。セルロースが規則的に配向して束となった集合体はセルロースミクロフィブリルと呼ばれ、さらに集合してミクロフィブリルの束となり植物繊維を形成している。図 III.5.4 に示すように、樹木セルロースとは、このような階層構造から成り立っている。分子間では無数の水素結合が働くために、強固に結合されており、セルロースミクロフィブリル単位で分離・分散することは困難であった。しかし、近年では解繊技術が進展し、**繊維径が数十 nm 以下の高結晶性のナノセルロース**として取り出すことができるようになった。軽量かつ高い強度を示すナノセルロースは**バイオマス**（biomass）由来の新規ナノ素材として注目されており、構造用材料分野をはじめ、様々な分野での応用が期待されている。

また、エビやカニの殻成分の**キチン**（chitin）もセルロースと類似の天然多糖である。キチンは不溶・不融であるため、脱アセチル化した**キトサン**（chitosan）を化学修飾することにより可溶化して、生分解性材料として応用する研究が進められている（図 III.5.5）。

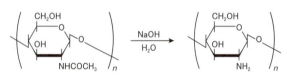

図 III.5.5　キチンからキトサンへの合成

章末問題

問 III.5.1　高分子材料の代表的なリサイクル法を挙げなさい。

問 III.5.2　微生物により分解可能な生分解性（biodegradability）を有するポリマー開発が環境低負荷に大きく貢献している。微生物による分解は、酵素による加水分解や微生物の体内で資化され、最終的に水、二酸化炭素に変換される。自然に還る、循環する高分子の意味合いから、生分解性ポリマーは別称として何と呼ばれているか。

問 III.5.3　製品の資源採取から原材料製造、加工、組立、製品使用、さらに廃棄にいたるまでの全過程（ライフサイクル）における環境負荷を総合して、科学的、定量的、客観的に評価する考え方を何というか。

問 III.5.4　動植物由来の生分解性ポリマーを挙げなさい。

章末問題解答

第Ⅰ編 合成編

1

問 I.1.1 ポリマー名の「ポリ」をとるとモノマー名となる。

1) 塩化ビニル
$$CH_2=CH-Cl$$

2) 酢酸ビニル
$$CH_2=CH-O-\underset{\underset{O}{\|}}{C}-CH_3$$

3) プロピレン
$$CH_2=CH-CH_3$$

4) アクリロニトリル
$$CH_2=CH-CN$$

問 I.1.2 モノマー名に「ポリ」を加えるとポリマー名となる。

1) ポリエチレン

2) ポリアクリル酸

3) ポリアクリロニトリル

4) ポリスチレン

問 I.1.3 式 (I.1.1),式 (I.1.2) および M_w/M_n により算出すると

$M_n = 2,760$, $M_w = 6,160$, $M_w/M_n = 2.23$

問 I.1.4

問 I.1.3 と同様に

$M_n = 2,030$, $M_w = 4,260$, $M_w/M_n = 2.10$

問 I.1.3 の結果と問 I.1.4 の結果を比較することにより,高分子量の化合物の存在は数平均分子量よりも重量平均分子量に大きく影響を与えることがわかる。

2

問 I.2.1

1) 誤 リビング重合は連鎖重合の特殊なケースである。よって,重合は2つに大別される。

2) 正

3) 誤 さまざまな有機反応を重合に応用するのは逐次重合の特徴の1つである。

4) 誤 平均分子量がほぼ一定となるのは連鎖重合

5) 正

6) 正 逐次重合ではさまざまな重合基,スペーサーの選択が可能であるのでそれぞれを選択することでさまざまな性質のポリマーを作り出すことができる。

7) 正

8) 誤 モノマーは瞬時に消費されるのは逐次重合の特徴。連鎖重合では時間とともに消費。

9) 正 図 I.2.2 において末端の X と Y が同一分子内で反応すると環状化合物となり,他の分子と結合できなくなりポリマー鎖の生長は停止する。

10) 正

問 I.2.2 連鎖重合では,活性化された部位にモノマーが順次結合していくことによりポリマー鎖が生長し分子量は増加する。しかし,ある程度ポリマー鎖が生長した段階で,活性部位が他の分子に連鎖移動し,ポリマー鎖の生長は停止する。移動した活性部位は,

再び重合を開始しポリマー鎖がまた新たに生成する。連鎖重合では，この生長と連鎖移動が一定して起こる。これにより，平均分子量は一定となり，ポリマー鎖数は時間とともに増加する。

問 I.2.3, I.2.4　第 I 編 2.4 の図および表を参照のこと。

❸

問 I.3.1　ラジカル開始剤は①過酸化物系，②アゾ系，③レドックス系の 3 種類に大別される。それぞれのラジカル発生機構については 3.1（p.11）を参照し，ここから一例を取り上げ，どの部分が R に相当するのかに気を付け，一般式で記された発生機構を参考にしながら解答するとよい。

問 I.3.2　ラジカルの基本反応は，①原子の引き抜き，②多重結合への付加反応，③再結合，④不均化反応の 4 種類に大別される。それぞれをポリエチレンの生長末端を例として記すと以下のようになる。

①原子の引き抜き：引き抜きは系に存在するさまざまな分子に対して起こる。ここでは，CCl_4 が存在した場合について例示するが，解答としては系に存在すると思われるどの分子を対象としてもかまわない。

~$CH_2CH_2CH_2$· + Cl—CCl_3 ⟶ ~$CH_2CH_2CH_2Cl$ + ·CCl_3

四塩化炭素は塩素原子がラジカルにより引き抜かれやすい。このため四塩化炭素が存在する系では連鎖移動反応が頻発し，オリゴマーが生成し，高分子量のポリマーを得ることはできない。このように積極的に原子の引き抜きを起こさせるような分子を連鎖移動剤という。

②多重結合への付加：これが重合における開始（1 回目の付加反応）と生長（2 回目以降の付加反応）に相当し，炭素鎖は増炭する。

~$CH_2CH_2CH_2$· + CH_2=CH_2 ⟶ ~$CH_2CH_2CH_2CH_2CH_2$·

③再結合：2 個のラジカル種から 1 個の分子ができ，ラジカルは消失する。

~$CH_2CH_2CH_2$· + ·$CH_2CH_2CH_2$~ ⟶ ~$CH_2CH_2CH_2CH_2CH_2CH_2$~

④不均化：2 個のラジカル種から構造の異なる 2 個の分子ができ，ラジカルは消失する。

~$CH_2CH_2CH_2$· + ~CH_2CH(H)CH_2· ⟶

~$CH_2CH_2CH_3$ + ~CH_2CH=CH_2

問 I.3.3　図 I.3.5 に示した速度定数を用いると M_1· についての反応性比は $r_1 = k_{11}/k_{12}$ として，M_2· における反応性比は $r_2 = k_{22}/k_{21}$ として定義される。それぞれのラジカルが，どちらのモノマーと反応しやすいかということを示す値である。同種のモノマーと反応しやすい場合，反応性比は 1 を超え，異種のモノマーを選択する場合は 1 未満となる。詳細については 3.6（p.19）を参照のこと。

問 I.3.4　Q 値はビニル基に結合した置換基が共鳴により生成したラジカルをいかに安定化するかを示す値であり，スチレンの数値を 1.0 として算出された値である。この数値が 0.2 以上を共役モノマー，0.2 未満を非共役モノマーとして区別する。この数値はモノマーの反応性や生成したラジカルの反応性にかかわる数値である（表 I.3.1：p.22 を参照のこと）。

e 値は置換基によりビニル基の電子密度に関する値であり，スチレンの -0.8 を基準として算出される。この値が正の場合にはビニル基の電子密度が低く，負の場合には電子密度が高いことを意味している。

問 I.3.5　さまざまな組み合わせが考えられるので解答は省略するが，3.8 の無水マレイン酸と酢酸ビニルの共重合のケース（p.24）を参考にしてもらいたい。

問 3.6　式 (I.3.15) の導出については省略するが，はじめに $([M_1] + r_2 [M_2])$ を右辺から消去し，式 (I.3.15) をめざし変形していくと導かれる。この式において，モノマーの濃度比 $\{[M_1]/[M_2]\}$ は共重合における仕込み比を，$d[M_2]/d[M_1]$ は重合初期に生成したポリマー中の各成分比を示している。つまり，ある仕込み比で共重合を行い得られてきたポリマー中の成分比を調べることにより，$[M_1]/[M_2]$ および $d[M_2]/d[M_1]$ は既知数となり，r_2 と r_1 は直線関係となる。この実験を，仕込み比を変えて行い，得られた直線を重ね合わせることで r_2 と r_1 を図 I.3.8 のようにして求めることができる。

❹

問 I.4.1　カチオン重合に適するかどうかにおいて最も重要となってくるのは，側鎖からの電子の送り込みである。この事を端的に知ることができる数値が e 値である。e 値が負の数値のモノマーは電子の送り込みが起きていることを示しており，カチオン重合性モノマーと判断できる。また，Q 値は不安定な電荷を分散させる役割があり，e 値が負，Q 値が 0.2 以上のモノマーはカチオン重合性がとても良いということになる。

　また，アニオン重合は副反応が起こりにくい重合法であるため，活性種に対して何かしらの安定化効果があればよい。アニオンを安定化するためには電子を奪う効果 (e 値　正) もしくは共鳴効果 (Q 値 0.2 以上) が必要となる。いずれかの効果が働いていればアニオン重合は可能ということになる。当然，カチオン重合と同様に両方の効果があるモノマーはアニオン重合性がとても良いということになる。これをまとめたものが表 I.4.1 である。

問 I.4.2　表 I.4.1 に照らし合わせて判定する。解答は以下の表のとおり。

モノマー	重合法	モノマー	重合法
スチレン	カチオン重合 アニオン重合	エチレン	カチオン重合
塩化ビニル	アニオン重合	アクリロニトリル	アニオン重合
酢酸ビニル	カチオン重合	メタクリル酸メチル	アニオン重合
ブタジエン	カチオン重合 アニオン重合	アクリルアミド	アニオン重合
イソブチルビニルエーテル	カチオン重合	無水マレイン酸	アニオン重合

問 I.4.3　カチオン重合において生長反応の妨げとなる副反応は①対イオンの結合による停止反応，②脱離反応による連鎖移動反応，③他の分子による連鎖移動反応である。これらを順に示す。

問 I.4.4　イオン反応における副反応は対イオンの結合による停止反応，脱離反応による連鎖移動反応，他の分子による連鎖移動反応である。

①　アニオン重合は対イオンがアルカリ金属などであり，これらは共有結合性が低いのでこのような停止反応は問題とならない。

②　脱離反応ではヒドリドが生成することとなる。ヒドリドは不安定な化学種であり一般的に脱離しにくい。したがって，条件を選べばこの副反応は問題とはならない。

③　アニオン重合で最も問題となるのがプロトン性

の化合物である。この代表的な化合物が水である。よってアニオン重合では水を厳密に除去しなければいけないケースが多い。

①〜③の副反応を抑制するとモノマーをすべて消費しても活性末端はアニオンのままとどまることとなる。このような重合系をリビングアニオン重合という。

問 I.4.5 表 I.3.12 から $-CN$ が結合することで Q 値は 0.2 以上，e 値は大きく正となる。また，$-CO_2CH_3$ が結合することでも同様である。したがって，この両者の基を持つ α-シアノメタクリル酸メチルは Q 値，e 値ともにアニオン重合の条件を十分に満たしていることが予測される。したがって，瞬間接着剤の原料である α-シアノメタクリル酸メチルはとてもアニオン重合しやすいモノマーと言える。表 I.4.2（鶴田の表）より，このモノマーは水でも重合を開始する。したがって，瞬間接着剤の開始剤は空気中の水であり，これによりアニオン重合が進行し硬化するものである。すなわち，モノマーの保存として重要となるのは水の浸入をいかに抑えるかということである。

5

問 I.5.1

	開環重合	ビニルモノマーの重合
重合時の体積収縮率	小	大
主鎖の構造	ある程度多様（逐次重合程ではない）	限定的（飽和炭素鎖のみ）
主な重合形式	アニオン，カチオン，配位，メタセシス重合	ラジカル，アニオン，カチオン，配位重合

コンパクトなモノマーが開環しながら重合するため，ビニルモノマーの重合時よりも体積収縮率は小さい。同分子量のモノマーで比較するとその収縮率はおおよそ 1/2 程度となる。

また，ビニルモノマーは飽和炭素鎖のみが主鎖となるが，開環重合では環に含む骨格が主鎖となるため主鎖の骨格は多様である。ただし，開環重合できるモノマー上の制約によりその多様さは重縮合など逐次重合程ではない。

重合に関しては，アニオン重合，カチオン重合が主であり，ビニルモノマーの重合において主であったラジカル重合は，ラジカル開環するモノマーが少ないため主ではない。また，メタセシス重合はビニルモノマーでは行えない重合法である（メタセシス重合の解説は p.74 を参照）。

問 I.5.2 環状モノマーとして適しているのは，環を結んでいる 1 つの結合が開裂し，かわって分子間で共有結合を形成しポリマー鎖が生長するような骨格を環内に含んでいること，ならびに開環しやすい環サイズからなるモノマーである。この条件を満たすのが環状エーテル，ラクトン，ラクタム，環状炭酸エステルなどである。環サイズとしては，6 員環は最も環歪みの少ない安定な環であるためこれ以外が好ましい。

問 I.5.3 はじめにプロトンがオキセタンの酸素と結合し，オキセタンが活性な状態となる。これに対イオンとなる硫酸イオンが共有結合すると重合は停止し，反応は進行しない。硫酸イオンの場合，共有結合性は低いのでモノマー分子が攻撃し，順次伸長していく。この一段階目の反応が開始反応であり，二段階目以降の反応が生長反応である。この生長鎖において，分子内で攻撃が起こる反応が分子内連鎖移動反応（バックバイティングもしくはエンドバイティング，例示はバックバイティング）であり，これにより環状オリゴマーが生成する。また，別のポリマー分子へ分子間連鎖移動反応をおこすと分子量がある程度一気に増し成長を終えたポリマー鎖が生成する。これにより，開環カチオン重合により得られたポリマーの分子量分布は広くなる。

問 I.5.4 ラクタムの場合には，はじめに塩基（アニオン）が酸性度の比較的高いラクタムの N-H からプロトンを引き抜き，ラクタムアニオンが生成する。このアニオンが，別のラクタムのカルボニル部位を攻撃し（反応式 I.5.3　path a タイプ），プロトンが引き抜かれた窒素原子がアシル化される。アシル化されたラクタムは開環しやすくなる。すなわち，この活性化されたラクタムに順次，ラクタムアニオンが付加していくことで開環重合が進行していく。

6

問 I.6.1 ポリスチレンの合成では，Ziegler-Natta 触媒を用いるとアイソタクチック，メタロセン触媒を用いるとシンジオタクチックが得られ，一般的なラジカル重合などではアタクチックな高分子が得られる。

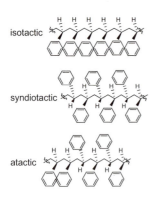

問 I.6.2 6.3 で示したように，プロピレンの配位重合反応では，ビニル基上の置換基と触媒上の配位子の立体障害によって，モノマーの触媒への配位はある一方向のみからとなる。そのため，分子の並びが同じアイソタクチックな構造を持つポリマーが生成することになる。

問 I.6.3 均一系触媒と不均一系触媒の違いは反応活性点の違いにある。均一系触媒では，反応活性点が唯一であるのに対し，不均一系触媒では反応活性点が複数存在する。Ziegler-Natta 触媒は，Et_3Al と $TiCl_3$ の反応により生じた固体沈殿物として得られ，その最表面が触媒活性を発揮する。沈殿物表面とモノマー分子は互いに異なる相に存在しているため交じり合わず，沈殿物の表面状態もさまざまであることから，Ziegler-Natta 触媒では異なる反応活性点が存在することになる。一方，Kaminsky 触媒に代表される均一系触媒では，触媒活性を持つ分子が，ある相に均一に分散して(溶け込んで)いる。そのため，同様に均一分散したモノマー分子とも交じり合うことができ，触媒分子は等しい反応活性で重合反応を触媒することができる。そのため，得られるポリマーはどちらも立体的に制御されているものの，不均一系触媒では，反応点によってモノマーが配位する割合が異なることからさまざまな長さのポリマーが得られ，分子量分布はより広いものとなる。

問 I.6.4 ノルボルネンの重合反応は，反応式 I.6.6 を参考に同様に描くことができる。ポリノルボルネンは非常に固く，ガラス転移点が高いという特徴を持つために工業的な利用も行われている。

7

問 I.7.1 リビング重合で得られるポリマーには，以下の特徴がある。

・分子量分布 (M_w/M_n) が 1 に近く，分子量が揃っている。

・重合速度が一定であり，時間に比例して分子量が増加する。

・末端が活性であり，系内の反応終了後に新たにモノマーなどを加えると再度重合反応や末端における修飾反応が起きる。

問 I.7.2 ドーマントとは休眠状態を指しており，リビング重合ではこのドーマント状態と活性状態の行き来により重合制御が行われる。下記にリビングカチオンおよびリビングラジカル重合のドーマント種を示す。

問 I.7.3 RAFT リビングラジカル重合では，開始剤から発生したラジカルが RAFT 剤に移動し，連鎖移動反応を繰り返しつつモノマーと反応することでポリマーが生成する。そのため，モノマー変換率が 100%ならば RAFT 剤の濃度とモノマー濃度がポリマーの数平均重合度を決定することになる。

$$数平均重合度 x_n = \frac{モノマー濃度}{RAFT 剤濃度} = \frac{1 \text{ mol}}{10 \text{ mmol}} = 100$$

問 I.7.4 リビングイオン重合では，停止反応や連鎖移動反応が起きることが失活の原因となる。停止反応には，末端活性種であるアニオンおよびカチオンが，それぞれ対となるカチオンやアニオンと反応して結合対を作る停止反応がある。他に，活性末端の β 水素が脱離する停止反応がある。この停止反応は，アニオン重合ではヒドリド H^- の脱離，カチオン重合ではプロトン H^+ が脱離により起きる。プロトンとヒドリドでは，圧倒的にプロトンのほうが存在しやすく安定である。そのため，カチオン重合では脱離反応が起きやすく，末端が失活しやすいため，アニオン重合よりも重合制御が困難となっている。また，脱離してプロトンやヒドリドはそのまま連鎖移動して新たなポリマー鎖を生成することになる。

$$R-CH_2-\underset{X}{CH}^{\ominus} \longrightarrow R-CH=\underset{X}{CH} + H^{-}$$
termination of anionic polymerization

$$R-CH_2-\underset{X}{CH}^{\oplus} \longrightarrow R-CH=\underset{X}{CH} + H^{+}$$
termination of cationic polymerization

8

問 I.8.1 共に 2 官能性であり反応度が 100% であることから，$x_n = \frac{1+r}{1-r}$ となる。仕込み比は $r = 1.0/1.1 = 0.909$ となる。よって

$$x_n = \frac{1 + 0.909}{1 - 0.909} \fallingdotseq 21$$

問 I.8.2 ポリエステルの作成には 2 官能性のアルコール類や 2 官能性のカルボン酸類などが必要となる。アルコールとカルボン酸からエステルが生成する反応では水が脱離するが，この反応は可逆反応であることから反応率を高めるためには脱離した水を系外へ排出する必要がある。また，式 (I.8.7) からモノマーの仕込み比をほぼ等しくすることができれば，より高分子量のポリマーの合成が可能となる。

問 I.8.3 図 I.8.1 を参照とすること。

問 I.8.4 式 (I.8.18) 〜式 (I.8.20) から求めること。

問 I.8.5 ウレタンはジイソシアネートと多官能性のアルコールとの反応により作成される。この際水を少し加えておくことで副生した二酸化炭素がウレタン内で発泡して空孔を形成する。得られたジアミン分子もジイソシアネートやウレタンと反応することで架橋反応が行われる。そのため発泡ウレタン材では，ポリウレタン構造やポリウレア構造を含んだ多孔性構造となっている。

9

問 I.9.1 反応式 I.9.1 と反応式 I.9.2 を参照すること。
酸条件で得られる中間体のノボラックは，多数のフェノールが付加縮合したオリゴマーとなっているが，一方で 1 つのフェノールあたりについているメチロール基は少ない。一方，塩基性条件で得られる中間体のレゾールは，オリゴマーとはなっていないが，複数のメチロール基を有している。このような中間体の違いがあるため，硬化する条件も異なる。ノボラック樹脂では架橋となるメチロール基が少ないために別の架橋材を加える必要がある。ノボラック樹脂では，アンモニアとホルムアルデヒドから作成されるヘキサメチレンテトラミンのような分子を加えて加熱することで分子結合に組み替えが起きて

三次元的に架橋して熱硬化する．一方，レゾール樹脂ではメチロール基が多点的に伸びているため，加熱のみでも分子架橋して熱硬化させることが可能である．

問 I.9.2 2官能性モノマー2等量と4官能性モノマー1等量で，互いに反応する官能基の数は等しい．

初期分子数 $N_0 = 2 + 1 = 3$，式（I.9.5）から

$$f = \frac{2 \times [それぞれのモノマー1分子中の官能基数の積]}{それぞれのモノマー1分子中の官能基数の和}$$

$$= \frac{2 \times [2 \times 4]}{2 + 4}$$

よって，$p = \dfrac{2}{f} = 0.75$

以上より，反応過程で75%の官能基が消費されたことがわかる．

問 I.9.3 無水マレイン酸は電子求引基の影響が強く，電子不足となっていることから単独重合することは困難である．しかし，電子豊富なモノマーとは容易に共重合することができるため（交互共重合となる），スチレンのような電子豊富なモノマーを加えることで樹脂を合成することができる．

第Ⅱ編 物 性 編

問 II.1.1

(1) Pa，(2) 無次元量，(3) Pa，(4) Pa·s，(5) N/m，(6) s

問 II.1.2 変形後の各辺の長さを l'_1, l'_2 および l'_3 とすると，変形による体積変化は生じないので $l_1 l_2 l_3 = l'_1 l'_2 l'_3$．したがって求める面積は $l'_1 l'_2 = l_1 l_2 l_3 / l'_3 = l_1 l_2 / (1 + \gamma_3)$．

問 II.1.3

$$\sigma = \eta \frac{d\gamma}{dt} = \eta \frac{d}{dt} \tan \omega t = \frac{\omega \eta}{\cos^2 \omega t}$$

問 II.1.4

(1) ア，(2) ア，(3) イ，(4) ウ，(5) イ

問 II.1.5

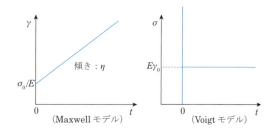

問 II.1.6 （解答例）ダッシュポットのみの力学モデル

問 II.1.7 応力がひずみをかけた直後の1/2のとき，$1/2 = \exp(-t/\tau)$ が成立する．両辺対数をとり整理すると $t = \tau \ln 2 = 69.3$ [s]

問 II.1.8 （解答例）材料を冷却し，ゴム弾性が発現しないガラス状態で粉砕する．

問 II.1.9

Maxwell，大きく，大きく

❷

問 II.2.1 斥力が作用する側（$r < r^*$）より，引力が作用する側（$r^* < r$）のほうが E_p 曲線の傾きが小さいから。

問 II.2.2 x の値が大きくなるとばねの引力は無限に大きくなるが，r が長くなると粒子間引力は徐々に弱くなってゼロに近づく。

問 II.2.3

隣接原子が変曲点より遠い位置にあるとき，r が r^* に近いほど原子間ポテンシャルエネルギー曲線の傾きが大きいため，同じ長さだけ引離すのにより多くのエネルギーが必要となる。ポテンシャルエネルギー曲線の傾きに負の符号をつけると力が求められる関係にあるため，より強い力を加えないと同じ量だけ変形することができない。

問 II.2.4 ゴム紐の変形が元に戻る過程は吸熱過程であるため，ゴム紐が熱を吸収すると縮もうとして両端を引っ張る力が強くなる。

問 II.2.5 隣接原子間距離が長いほどポテンシャルエネルギーが高く（引力が弱く）なるため，同じ温度で運動できる範囲が広くなるから。

❸

問 II.3.1 板が dt 間に dl だけ移動したとき，速度 U は次式で計算できる。

$$U = \frac{dl}{dt}$$

dt 間に発生したひずみ $d\gamma$ とひずみ速度 $\dot\gamma$ の定義が次式であらわされるため，U/h はひずみ速度 $\dot\gamma$ に等しい。

$$d\gamma = \frac{dl}{h}$$

$$\dot\gamma = \frac{d\gamma}{dt} = \frac{dl}{hdt} = \frac{U}{h}$$

問 II.3.2 与えられた関係から $\sigma(r)$ および $\dot\gamma(r)$ を求めればよい。

$$F(r) = \pi r^2 P_A - \pi r^2 P_B = \pi r^2 \Delta P$$

$$A(r) = 2\pi r L$$

$$\sigma(r) = \frac{F(r)}{A(r)} = \frac{r\Delta P}{2L}$$

$$\dot\gamma(r) = \frac{d\gamma(r)}{dt} = \frac{\{dl(r)/dr\}}{dt} = \frac{dl(r)}{drdt} = \frac{dU(r)dt}{drdt} = \frac{dU(r)}{dr}$$

問 II.3.3 仮想的な速度分布から $\dot\gamma(r)$ を計算すると次式のようになり，液体に力を加えて流動させたときと等しくなる。

$$\dot\gamma(r) = -\frac{d\{U(0) - U(r)\}}{dr} = -\frac{dU(0)}{dr} + \frac{dU(r)}{dr} = 0 + \frac{dU(r)}{dr}$$

問 II.3.4 問 II.3.2 で求めた $\sigma(r)$ と $\dot\gamma(r)$ を η の定義式に代入して微分方程式を解くと，$U(r)$ を求めることができる。

$$\eta \frac{dU(r)}{dr} = -\frac{r\Delta P}{2L}$$

$$dU(r) = -\frac{\Delta P}{2L\eta} r dr$$

$$\int_r^R dU(r) = -\frac{\Delta P}{2L\eta} \int_r^R r dr$$

$$U(R) - U(r) = -\frac{\Delta P}{2L\eta}\left(\frac{R^2}{2} - \frac{r^2}{2}\right)$$

$$U(r) = \frac{\Delta P}{4L\eta}(R^2 - r^2) \quad \because U(R) = 0$$

問 II.3.5 半径 r，厚さ dr，長さ $dl = U(r)dt$ の微小円筒の体積 dv は次式であらわされる。

$$dv = \pi(r+dr)^2 dl - \pi r^2 dl = 2\pi r dr dl + \pi(dr)^2 dl$$

$$\approx 2\pi r dr dl \quad \because (dr)^2 \approx 0$$

$$2\pi r dr dl = 2\pi r dr U(r) dt = 2\pi r dr \frac{\Delta P}{4L\eta}(R^2 - r^2)dt$$

$$= \frac{\pi \Delta P}{2L\eta}dt(R^2 - r^2)rdr$$

$$dV = \int_0^R 2\pi r dl \, dr = \frac{\pi \Delta P}{2L\eta}dt \int_0^R r(R^2 - r^2) \, dr$$

$$= \frac{\pi \Delta P}{2L\eta}dt\left[\frac{R^2}{2}r^2 - \frac{1}{4}r^4\right]_0^R = \frac{\pi \Delta P}{2L\eta}dt\frac{R^4}{4}$$

Q は単位時間に流れた液体の体積であるため dV/dt で計算できる。

$$Q = \frac{dV}{dt} = \frac{\pi \Delta P R^4}{8L\eta}$$

問 II.3.6 与式を代入して整理すると次式のようになる。

$$R \cdot R = \left(\sum_{i=1}^n b_i\right) \cdot \left(\sum_{i=1}^n b_i\right) = b_1 \cdot b_1 + b_1 \cdot b_2 + \cdots + b_n \cdot b_n$$

$$= \sum_{i=1}^n b_i \cdot b_i + \sum_{i=1}^{n-1}\sum_{j\neq i}^n b_i \cdot b_j$$

多くの直鎖状高分子では結合の長さが等しいため $|b_i| = b$ とおくことができる。また、$b_i \cdot b_j = b_j \cdot b_i$ の関係が成立することから、R^2 は次式のようにあらわすことができる。

$$R^2 = \sum_{i=1}^n b^2 + b^2 \sum_{i=1}^{n-1}\sum_{j\neq i}^n \cos\theta_{ij} = nb^2 + 2b^2\sum_{i=1}^{n-1}\sum_{j=i+1}^n \cos\theta_{ij}$$

θ_{ij} : b_i, b_j 間の角度

問 II.3.7 全原子に対して両辺の和をとると R_{ij}^2 と S^2 の関係式が得られる。

$$\sum_{i=0}^n\sum_{j=0}^n R_{ij}^2 = \sum_{i=0}^n\sum_{j=0}^n s_i^2 + \sum_{i=0}^n\sum_{j=0}^n s_j^2 - 2\sum_{i=0}^n\sum_{j=0}^n s_i \cdot s_j$$

$$= (n+1)\sum_{i=0}^n s_i^2 + (n+1)\sum_{j=0}^n s_j^2$$

$$= 2(n+1)\sum_{i=0}^n s_i^2$$

$$= 2(n+1)^2 S^2$$

$$S^2 = \frac{1}{2(n+1)^2}\sum_{i=0}^n\sum_{j=0}^n R_{ij}^2 = \frac{1}{(n+1)^2}\sum_{i=0}^{n-1}\sum_{j=i+1}^n R_{ij}^2$$

ここで、次式が成立することを利用した。

$$\sum_{i=0}^n\sum_{j=0}^n s_i \cdot s_j = s_0 \cdot s_0 + s_0 \cdot s_1 + \cdots + s_n \cdot s_n$$

$$= (s_0 + s_1 + \cdots + s_n) \cdot (s_0 + s_1 + \cdots + s_n) = \sum_{i=0}^n s_i \cdot \sum_{j=0}^n s_j = 0$$

上式の関係は次のようにして得られる。

各原子の位置を x_i であらわすと重心位置 g は次式で求められる。

$$g = \frac{1}{n+1}\sum_{i=0}^n x_i$$

また、s_i は次式で定義されている。

$$s_i = x_i - g$$

したがって、次式が成り立つ。

$$\sum_{i=0}^n s_i = \sum_{i=0}^n (x_i - g) = \sum_{i=0}^n x_i - (n+1)g = 0$$

問 II.3.8 自由連結鎖の場合次式が成り立つことから、式 (II.3.16) に代入して整理すると式 (II.3.17) が得られる。

$$\langle R_{0n}^2 \rangle = \langle R^2 \rangle = nb^2 = (n-0)b^2$$
$$\langle R_{ij}^2 \rangle = (j-i)b^2$$

$$\langle S^2 \rangle = \frac{1}{(n+1)^2}\sum_{i=0}^{n-1}\sum_{j=i+1}^n \langle R_{ij}^2\rangle$$

$$= \frac{b^2}{(n+1)^2}\sum_{i=0}^{n-1}\sum_{j=i+1}^n (j-i)$$

$$= \frac{b^2}{(n+1)^2}\{(1+2+\cdots+n) + \{1+2+\cdots+(n-1)\} + \cdots + 1\}$$

$$= \frac{b^2}{(n+1)^2}\{1\times n + 2\times(n-1) + 3\times(n-2)\cdots + n\times 1\}$$

$$= \frac{b^2}{(n+1)^2}\sum_{i=0}^n i(n+1-i)$$

$$= \frac{b^2}{(n+1)^2}\left(\sum_{i=0}^n ni + \sum_{i=0}^n i - \sum_{i=0}^n i^2\right)$$

$$= \frac{b^2}{(n+1)^2}\left\{\frac{n^2(n+1)}{2} + \frac{n(n+1)}{2} - \frac{n(n+1)(2n+1)}{6}\right\}$$

$$= \frac{b^2}{(n+1)^2}\frac{n(n+1)(n+2)}{6} \approx \frac{1}{6}nb^2 = \frac{1}{6}\langle R^2\rangle$$

最終行の近似は n が十分大きいとき成立する。

問 II.3.9 次式のように変形すると，$\alpha > 0$ であるため左辺の符号は $(\alpha-1)$ で決まっていることがわかる。

$$\alpha^5 - \alpha^3 = \alpha^3(\alpha^2 - 1)$$
$$= \alpha^3(\alpha + 1)(\alpha - 1) \propto \left\{1 - \left(\frac{\Theta}{T}\right)\right\} M_p^{\frac{1}{2}}$$

$T > \Theta$ のとき $\alpha > 1$ となり，$T < \Theta$ のとき $\alpha < 1$ となることがわかる。また，$T = \Theta$ のとき $\alpha = 1$ となることがわかる。

問 II.3.10 溶液中に存在する高分子鎖の構成原子に隣接する z 個の格子のうち，2 個は高分子鎖内の原子が占めており，残りの $(z-2)$ 個の格子には，溶媒分子の体積分率 ϕ_s に等しい確率で溶媒分子が入っていると考えられるため，与式のようになる。

問 II.3.11 S_p および S_{ps} は次式のようになるため，S_{ps} から S_p+S_s を引けばよい。ただし，$S_s = 0$ である。

$$S_p = k\{N_p \ln z(z-1)^{(n-2)} + N_p \ln n - nN_p\}$$
$$S_{ps} = k\left\{N_p \ln z(z-1)^{(n-2)} - N_p \ln\left(\frac{N_p}{nN_p+N_s}\right)\right.$$
$$\left. - N_s \ln\left(\frac{N_s}{nN_p+N_s}\right) - nN_p\right\}$$

$$\Delta_{mix}S = S_{ps} - (S_p + S_s)$$
$$= k\left\{N_p \ln z(z-1)^{(n-2)} - N_p \ln\left(\frac{N_p}{nN_p+N_s}\right) - N_s \ln\left(\frac{N_s}{nN_p+N_s}\right)\right.$$
$$\left. - nN_p\right\} - k\{N_p \ln z(z-1)^{(n-2)} + N_p \ln n - nN_p\}$$
$$= -k\left\{N_p \ln\left(\frac{N_p}{nN_p+N_s}\right) + N_p \ln n + N_s \ln\left(\frac{N_s}{nN_p+N_s}\right)\right\}$$
$$= -k\left\{N_p \ln\left(\frac{nN_p}{nN_p+N_s}\right) + N_s \ln\left(\frac{N_s}{nN_p+N_s}\right)\right\}$$
$$= -k(N_p \ln \phi_p + N_s \ln \phi_s)$$

問 II.3.12 物質量保存則に代入して整理すると次式が得られる。

$$\frac{\phi_0 V_0}{v_p} = \frac{\phi_l V_l}{v_p} + \frac{\phi_h V_h}{v_p}$$
$$\phi_0 V_0 = \phi_l V_l + \phi_h V_h$$
$$\phi_0 \frac{n_l v_p}{\phi_l} + \phi_0 \frac{n_h v_p}{\phi_h} = \phi_l \frac{n_l v_p}{\phi_l} + \phi_h \frac{n_h v_p}{\phi_h}$$
$$\phi_0 \frac{n_l}{\phi_l} + \phi_0 \frac{n_h}{\phi_h} = n_l + n_h$$
$$\frac{n_l}{n_h} = \frac{\phi_l(\phi_h - \phi_0)}{\phi_h(\phi_0 - \phi_l)}$$

高分子 1 mol が溶けた相分離溶液の Gibbs 自由エネルギーを $\Delta_{mix}G_{h+l}$，高分子 1 mol が溶けた体積分率 ϕ_l, ϕ_h の均一溶液の Gibbs 自由エネルギーをそれぞれ $\Delta_{mix}G(\phi_l), \Delta_{mix}G(\phi_h)$ と定義すると，高分子 n_0 mol が溶けた相分離溶液の Gibbs 自由エネルギーは次式であらわされ，この式を整理すると与式が得られる。

$$n_0 \Delta_{mix}G_{h+l} = n_l \Delta_{mix}G(\phi_l) + n_h \Delta_{mix}G(\phi_h)$$

$$\Delta_{mix}G_{h+l} = \frac{n_l}{n_l+n_h}\Delta_{mix}G(\phi_l) + \frac{n_h}{n_l+n_h}\Delta_{mix}G(\phi_h)$$

$$= \frac{n_l/n_h}{(n_l/n_h)+1}\Delta_{mix}G(\phi_l) + \frac{1}{(n_l/n_h)+1}\Delta_{mix}G(\phi_h)$$

$$= \frac{\phi_l(\phi_h-\phi_0)}{\phi_0(\phi_h-\phi_l)}\Delta_{mix}G(\phi_l) + \frac{\phi_h(\phi_0-\phi_l)}{\phi_0(\phi_h-\phi_l)}\Delta_{mix}G(\phi_h)$$

$$= \left\{1 - \frac{\phi_h(\phi_0-\phi_l)}{\phi_0(\phi_h-\phi_l)}\right\}\Delta_{mix}G(\phi_l) + \frac{\phi_h(\phi_0-\phi_l)}{\phi_0(\phi_h-\phi_l)}\Delta_{mix}G(\phi_h)$$

$$= \Delta_{mix}G(\phi_l) + \frac{\phi_h(\phi_0-\phi_l)}{\phi_0(\phi_h-\phi_l)}\{\Delta_{mix}G(\phi_h) - \Delta_{mix}G(\phi_l)\}$$

$$\approx \Delta_{mix}G(\phi_l) + \frac{(\phi_0-\phi_l)}{(\phi_h-\phi_l)}\{\Delta_{mix}G(\phi_h) - \Delta_{mix}G(\phi_l)\}$$

($\frac{\phi_h}{\phi_0} \approx 1$ のとき)

問 II.3.13 ϕ_L より薄い濃度を $\phi_{L'}$ とし，ϕ_H より濃い濃度を $\phi_{H'}$ とすると，点 $\{\Delta_{mix}G(\phi_{L'}),\phi_{L'}\}$ と点 $\{\Delta_{mix}G(\phi_{H'}),\phi_{H'}\}$ を結ぶ直線の ϕ_0 における値が $\Delta_{mix}G_{H+L}$ の値より大きくなるため，薄い相の濃度が ϕ_L より薄く，濃い相の濃度が ϕ_H より濃くなることはない。

問 II.3.14 x_s と溶質のモル分率 x_p の関係 $x_s = 1 - x_p$ を Raoult の法則（式(II.3.37)）に代入すると次式が得られる。

$$P_s = x_s P_s^* = (1-x_p)P_s^*$$
$$x_p = \frac{P_s^* - P_s}{P_s^*} = \frac{\Delta P_s}{P_s^*}$$

x_p の定義は次式で与えられる。
$$x_p = \frac{n_p}{n_p + n_s}$$

次式であらわされる物質量を代入して整理すると，M_p と ΔP_s の関係（式(II.3.39)）が得られる。
$$n_p = \frac{w_p}{M_p},\ n_s = \frac{w_s}{M_s}$$

w_p, w_s：物質の質量

$$x_p = \frac{n_p}{n_p + n_s} = \frac{\frac{w_p}{M_p}}{\frac{w_p}{M_p} + \frac{w_s}{M_s}} = \frac{\frac{w_p}{VM_p}}{\frac{w_p}{VM_p} + \frac{w_s}{VM_s}} = \frac{\frac{c_p}{M_p}}{\frac{c_p}{M_p} + \frac{c_s}{M_s}}$$
$$\approx \frac{\frac{c_p}{M_p}}{\frac{c_s}{M_s}} = \frac{c_p}{M_p}\frac{M_s}{c_s} = \frac{c_p}{M_p}\frac{M_s V}{w_s} = \frac{c_p}{M_p}\frac{V}{n_s} \approx \frac{c_p}{M_p}V_s = \frac{\Delta P_s}{P_s^*}$$

V：溶液の体積，V_s：溶媒のモル体積

問 II.3.15 物質量 n_p と分子量 M_p の関係等を代入すると次式のように van't Hoff の式 (II.3.43) を導くことができる。

$$\pi = -\frac{RT}{V_s}\ln x_s = -\frac{RT}{V_s}\ln(1-x_p) \approx \frac{RT}{V_s}x_p$$
$$= \frac{RT}{V_s}\frac{n_p}{n_p+n_s} \approx \frac{RT}{V_s}\frac{n_p}{n_s} = \frac{RT}{V_s}\frac{c_p V}{n_s M_p} \approx \frac{c_p RT}{M_p}$$

$$\frac{n_p}{n_p+n_s} \approx \frac{n_p}{n_s}\ (n_p \ll n_s\ \text{のとき})$$
$$n_p = \frac{w_p}{M_p} = \frac{c_p V}{M_p},\ V_s \approx \frac{V}{n_s}\ (n_p \approx 0\ \text{のとき})$$
$$\ln(1-x_p) \approx -x_p\ (x_p \ll 1\ \text{のとき})$$

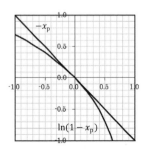

問 II.3.16 格子モデルから求めた $\Delta_{\text{mix}}G(\phi_p)$ を n_p および n_s で微分して $\Delta_{\text{mix}}\mu_p$ および $\Delta_{\text{mix}}\mu_s$ を求めると次式のようになる。

$$\frac{\partial(\chi n_s \phi_p)}{\partial n_p} = \chi\frac{\partial}{\partial n_p}\left(\frac{n_s n n_p}{n n_p + n_s}\right)$$
$$= \chi\left\{n_s n \frac{1}{nn_p+n_s} - n_s n n_p \frac{n}{(nn_p+n_s)^2}\right\}$$
$$= \chi\left(n\frac{n_s}{nn_p+n_s} - \frac{n_s}{nn_p+n_s}\frac{nn_p}{nn_p+n_s}\right)$$
$$= n\chi(\phi_s - \phi_s \phi_p) = n\chi\phi_s(1-\phi_p) = n\chi(1-\phi_p)^2$$

$$\frac{\partial(n_p \ln \phi_p)}{\partial n_p} = \frac{\partial}{\partial n_p}\left(n_p \ln \frac{nn_p}{nn_p+n_s}\right)$$
$$= \frac{\partial}{\partial n_p}\{n_p \ln nn_p - n_p \ln(nn_p+n_s)\}$$
$$= \ln nn_p + n_p\frac{n}{nn_p} - \ln(nn_p+n_s) - n_p\frac{n}{nn_p+n_s}$$
$$= 1 - \frac{nn_p}{nn_p+n_s} - \ln\frac{nn_p}{nn_p+n_s} = 1 - \phi_p - \ln\phi_p$$

$$\frac{\partial(n_s \ln \phi_s)}{\partial n_p} = \frac{\partial}{\partial n_p}\left(n_s \ln \frac{n_s}{nn_p+n_s}\right) = n_s\left(-\frac{n}{nn_p+n_s}\right)$$
$$= -n(1-\phi_p)$$

$$\frac{\partial\{\Delta_{\text{mix}}G(\phi_p)\}}{\partial n_p} = RT\{n\chi(1-\phi_p)^2 + 1 - \phi_p - \ln\phi_p - n(1-\phi_p)\}$$
$$= RT\{n\chi(1-\phi_p)^2 + (1-n)(1-\phi_p) - \ln\phi_p\}$$
$$= \Delta_{\text{mix}}\mu_p$$

$$\frac{\partial(\chi n_s \phi_p)}{\partial n_s} = \chi\frac{\partial}{\partial n_s}\left(\frac{n_s n n_p}{nn_p+n_s}\right)$$
$$= \chi\left\{nn_p\frac{1}{nn_p+n_s} - n_s nn_p\frac{1}{(nn_p+n_s)^2}\right\}$$
$$= \chi\left(\frac{nn_p}{nn_p+n_s} - \frac{n_s}{nn_p+n_s}\frac{nn_p}{nn_p+n_s}\right)$$
$$= \chi(\phi_p - \phi_s\phi_p) = \chi\phi_p(1-\phi_s) = \chi\phi_p^2$$

$$\frac{\partial(n_p \ln \phi_p)}{\partial n_s} = \frac{\partial}{\partial n_s}\left(n_p \ln \frac{nn_p}{nn_p+n_s}\right)$$
$$= \frac{\partial}{\partial n_s}\{n_p \ln nn_p - n_p \ln(nn_p+n_s)\}$$
$$= -\frac{n_p}{nn_p+n_s} = -\frac{1}{n}\phi_p$$

$$\frac{\partial(n_s \ln \phi_s)}{\partial n_s} = \frac{\partial}{\partial n_s}\left(n_s \ln \frac{n_s}{nn_p + n_s}\right)$$

$$= \frac{\partial}{\partial n_s}\{n_s \ln n_s - n_s \ln(nn_p + n_s)\}$$

$$= \left(\ln n_s + n_s \frac{1}{n_s}\right) - \ln(nn_p + n_s) - n_s \frac{1}{nn_p + n_s}$$

$$= \ln \frac{n_s}{nn_p + n_s} + 1 - \frac{n_s}{nn_p + n_s} = \ln \phi_s + (1 - \phi_s)$$

$$= \ln(1 - \phi_p) + \phi_p$$

$$\frac{\partial\{\Delta_{mix}G(\phi_p)\}}{\partial n_s} = RT\left\{\chi\phi_p^2 - \frac{1}{n}\phi_p + \ln(1-\phi_p) + \phi_p\right\}$$

$$= RT\left\{\chi\phi_p^2 + \left(1 - \frac{1}{n}\right)\phi_p + \ln(1-\phi_p)\right\}$$

$$= \Delta_{mix}\mu_s$$

問 II.3.17 式 (II.3.43) に次式を代入し，問 II.3.16 で求めた $\Delta_{mix}\mu_s$ を代入して ϕ_p から π を計算する式を導くと次式のようになる。

$$RT \ln x_s = \mu_s - \mu_s^* = \Delta_{mix}\mu_s$$

$$\pi = -\frac{\Delta_{mix}\mu_s}{V_s} = -\frac{RT}{V_s}\left\{\chi\phi_p^2 + \left(1 - \frac{1}{n}\right)\phi_p + \ln(1-\phi_p)\right\}$$

問 II.3.18 高分子を構成する原子と溶媒分子の体積が等しいことから，高分子のモル体積 V_p を nV_s で近似できるため，ϕ_p を次式であらわすことができる。

$$\phi_p = \frac{n_p V_p}{V} \approx \frac{n_p(nV_s)}{V} = nV_s \frac{c_p}{M_p}$$

$$\frac{c_p}{M_p} = \frac{w_p/V}{M_p} = \frac{n_p}{V}$$

$$\pi = -\frac{RT}{V_s}\left\{\chi\phi_p^2 + \left(1 - \frac{1}{n}\right)\phi_p + \ln(1-\phi_p)\right\}$$

$$\approx -\frac{RT}{V_s}\left\{\chi\left(nV_s \frac{c_p}{M_p}\right)^2 + \left(1 - \frac{1}{n}\right)nV_s \frac{c_p}{M_p} - \phi_p - \frac{1}{2}\phi_p^2\right\}$$

$$= -\frac{RT}{V_s}\left\{\chi\left(\frac{nV_s}{M_p}\right)^2 c_p^2 + \left(1 - \frac{1}{n}\right)\frac{nV_s}{M_p}c_p - nV_s \frac{c_p}{M_p} - \frac{1}{2}\left(nV_s \frac{c_p}{M_p}\right)^2\right\}$$

$$= RT\left\{-\frac{\chi}{V_s}\left(\frac{nV_s}{M_p}\right)^2 c_p^2 - \frac{1}{V_s}\left(1 - \frac{1}{n}\right)\frac{nV_s}{M_p}c_p + \frac{1}{V_s} nV_s \frac{c_p}{M_p} + \frac{1}{V_s}\frac{1}{2}\left(nV_s \frac{c_p}{M_p}\right)^2\right\}$$

$$= RT\left\{-\chi V_s\left(\frac{n}{M_p}\right)^2 c_p^2 - \left(1 - \frac{1}{n}\right)\frac{n}{M_p}c_p + \frac{n}{M_p}c_p + \frac{1}{2}\left(\frac{n}{M_p}\right)^2 V_s c_p^2\right\}$$

$$= RT\left\{\frac{1}{M_p}c_p + \left(\frac{1}{2} - \chi\right)\left(\frac{n}{M_p}\right)^2 V_s c_p^2\right\}$$

$\ln(1-\phi_p) \approx -\phi_p - \frac{1}{2}\phi_p^2$ を用いた。
したがって，A_2 は次式であらわされる。

$$A_2 = \left(\frac{1}{2} - \chi\right)\left(\frac{n}{M_p}\right)^2 V_s$$

χ は温度の逆数に比例するので，次式のように変形することができる。

$$A_2 = \Psi\left(1 - \frac{\Theta}{T}\right)\left(\frac{n}{M_p}\right)^2 V_s$$

Θ, Ψ：定数

$T = \Theta$ のとき $A_2 = 0$ となり，溶質分子間相互作用が無視できることがわかる。

第Ⅲ編　高分子材料編

❶

問Ⅲ.1.1　高分子固体材料は結晶領域と非晶領域の混在状態にある。この場合，結晶領域における高分子鎖が特定方向に配列しているものを「繊維」，配列していないものを「樹脂」と分類できる。

問Ⅲ.1.2　「熱可塑性樹脂」とはガラス転移温度（T_g）または融点（T_m）まで加熱することにより軟化し，成形加工が可能な樹脂を意味する。一方，「熱硬化性樹脂」とは高分子鎖が3次元的に架橋され，網目状につながっているため加熱しても軟化や流動が起こらず，溶媒にも溶解しない樹脂を指す。

問Ⅲ.1.3　ナイロン，ポリエステル，アクリルを三大合成繊維と呼ぶ。

問Ⅲ.1.4　射出成形法：樹脂を加熱・溶融させた後に，金型内へ射出注入し冷却・固化させることによって成形品を得る方法である。複雑な3次元形状の成形に適しており，プラスチック成形品の製造に一番多く使用されている。

　ブロー成形法：中空のプラスチック成形品（ペットボトルなど）を得る最も代表的な方法である。樹脂を加熱・溶融させた後に，パイプ状に予備成形し，軟化したままボトル状の金型に入れてから，圧縮空気を内部に送り込み，金型の形状まで膨らませる。その後，冷却固化して製品を取り出す。

問Ⅲ.1.5　溶融紡糸法：熱可塑性高分子に対して多用されている方法である。原料の高分子を溶融した後，これを空気中や水中に押しだし，冷却して繊維状に凝固する。

　湿式紡糸法：原料の高分子を溶剤に溶かし，ノズルから凝固浴中に押し出し，溶剤を除去して繊維状する方法である。レーヨンやアクリル，ビニロン繊維などが製造されている。

問Ⅲ.1.6　プラスチックや繊維の製造プロセスは，一般的には高分子溶融体を流動・冷却して，その後固化・延伸して成形する。一連のプロセスにおいて，最終的には高分子材料の特徴の1つでもある結晶状態を制御することになる。例えば，流動場にある高分子溶融体には応力が加わっており，ある一定の分子鎖の配向が生じている。すなわち，融点以下の高分子溶融体は，静置場と比較して，流動場にある方が容易に結晶化しやすい状態にあると言える。また高分子材料はガラス転移温度以上，融点以下の温度範囲で結晶化することができることから，ゆっくり冷やすと高温側で結晶化し，早く冷やすと低温側で結晶化する。これらの挙動を把握し，冷却速度や射出速度，金型内温度など各パラメータを最適化して成形することが品質に大きく関わる。

❷

問Ⅲ.2.1　p.136〜p.138およびp.140〜p.142参照。

問Ⅲ.2.2　エンプラは，汎用プラスチックに比べて高強度，高弾性であり，特に耐熱性において優れていて，工業用プラスチックとして用いられている。

問Ⅲ.2.3　ΔHを大きくするためには，分子中に極性基や水素結合ができる構造を導入してやるなど，分子間力を大きくしてやればよい。ΔSを小さくするためには，対称性の高い分子構造としたり分子鎖の回転を束縛するような剛直な構造としたりすればよい。このような構造をもつエンプラの分子設計においては，ビニルモノマーの連鎖重合では難しく，様々な骨格を主鎖内に組み込むことができる逐次重合が適している。

❸

問 III.3.1 複素環共役ポリマーとしては他に、ポリ（p-フェニレンビニレン），ポリ（チオフェンビニレン），ポリキノリンなどがある。また，縮合多環系ポリマーであるポリアセンやポリペリアントラセンなどがある。構造式は自分で調べてもらいたい。これらは，π電子共役系高分子であり，導電性のグラファイトに類似の構造であるため，電子を分子内に非局在化できる。さらに，π電子共役系の大環状分子が層状に積み重なった（π-πスタッキング）場合には，分子間で電子が移動して導電性を示す。

問 III.3.2 固体高分子型燃料電池は低温作動型であり，他のタイプの燃料電池と比べての利点としては次のようなことが挙げられる。常温から容易に起動できること，小型化，高出力化が可能，電池構造がシンプルでメンテナンスも容易，固体のみから構成できるため振動や衝撃に強い，また，安全に持ち運べる，など。

問 III.3.3 燃料電池の固体高分子電解質膜として用いられる炭化水素系電解質膜の例としては，以下のようなものがある。

スルホン酸化ポリエーテルスルホン

スルホン酸化ポリイミド

上記のような構造から，炭化水素系電解質膜を使用した場合次のような利点が考えられる。1) リサイクルしやすい，使用後の燃焼処理において有害物質を発生しない（いわゆる"環境にやさしい"材料である），2) 合成が容易で，製造コストを抑えることができる，3) 分子構造設計が容易で，様々な特性をもつ化合物の合成に対応できる，など。

問 III.3.4 光ファイバーは，中心部分（コア）に屈折率が高い材料を，逆に外辺部（クラッド）には屈折率が非常に低い材料を使用する。コアには，主にポリメタクリル酸メチル（PMMA）などを使用し，クラッドにはフッ素系高分子を使用することが多い。

問 III.3.5 高分子有機 EL の利点としては次のようなことが挙げられる。耐熱性に優れている，インクジェット方式で成膜可能（量産化），そのため非常に薄く作ることができ，自由に曲げられる（フレキシブル）など加工性がよい，駆動に要する直流電圧が低くて済む，分子構造設計を行うことにより発光色や輝度の設計が容易にできる，自然光に近いなど光の質が高い，など。

❹

問 III.4.1 材料が生体組織や血液と接触すると，生体は材料を異物として認識するため，血栓形成，免疫反応，炎症反応などが引き起こる。これらの反応を回避するために生体に優しく，なじみの良い性質となる生体適合性を材料に付与する必要がある。タンパク質吸着を抑制する表面をつくることや生体高分子と類似した化学構造を有する分子を設計していくことが求められる。

問 III.4.2 例えば，PEG のような親水性高分子を基板表面にグラフト化する手法や MPC ポリマーのような細胞類似高分子を基板表面にコーティングする手法がある。

問 III.4.3 例えば，超高分子量ポリエチレンは人工関節に利用されており，ポリ塩化ビニルはカテーテルに，ポリメタクリル酸メチルはコンタクトレンズに使用されている。

問 III.4.4　PNIPAAm の場合，LCST は 32℃付近であり，これより低い温度ではポリマー鎖が十分水和し溶解している。LCST 以上では，脱水和が急激に進行し，ポリマー鎖が収縮することにより疎水化して不溶性となる。この原理を利用して，37℃付近で細胞を播種すると，PNIPAAm 層は疎水性となり，細胞接着タンパク質を介して細胞が接着する。培養後，低温条件（20℃付近）にすると PNIPAAm 層は親水性となり，細胞接着タンパク質ごと剥離する。

問 III.4.5　DDS：drug delivery system

5

問 III.5.1　マテリアルリサイクル法，ケミカルリサイクル法，サーマルリサイクル法

問 III.5.2　グリーンポリマー（もしくはグリーンプラスチック）

問 III.5.3　LCA（ライフサイクルアセスメント）

問 III.5.4　例えば，セルロース，キチン，キトサン等がある。

問 III.5.5　例えば，ポリグルタミン酸，ポリ乳酸，ポリカプロラクトン等がある。

参考文献

1) 宮下徳治,『コンパクト高分子化学』, 三共出版（2000）.
2) 米澤宣行編著,『要説高分子材料化学』, 三共出版（2015）.
3) 柴田充弘, 山口達明,『E-コンシャス高分子材料』, 三共出版（2009）.
4) 北野博巳, 功刀滋編著,『高分子の化学』, 三共出版（2008）.
5) 小川俊夫,『高分子材料化学』, 共立出版（2009）.
6) 井上俊英ほか, 高分子学会編集,『エンジニアリングプラスチック』, 共立出版（2004）.
7) 山下雄也監修,『高分子合成化学』, 東京電機大学出版局（1995）.
8) 堤直人, 坂井亙,『基礎高分子科学』, サイエンス社（2010）.
9) 蒲池幹治,『高分子化学入門』, NTS（2003）.
10) 高分子学会燃料電池材料研究会編著, 高分子学会編集,『燃料電池と高分子』, 共立出版（2005）.
11) 高分子学会編,『基礎高分子科学』, 東京化学同人（2006）.
12) 遠藤　剛, 三田文雄,『高分子合成化学』, 化学同人（2001）.
13) 大津隆行,『高分子合成の化学』, 化学同人（1979）.
14) 古川淳二,『高分子のエッセンスとトピックス　高分子合成』, 化学同人（1986）.
15) 扇澤敏明, 柿本雅明, 鞠谷雄士, 塩谷正俊,『身近なモノから理解する高分子の科学』, 日刊工業新聞社（2014）.
16) 東京工業大学国際高分子基礎研究センター編,『ここだけは押さえておきたい高分子の基礎知識』, 日刊工業新聞社（2012）.
17) 永井一清編著, バリア研究会監修,『バリア技術』, 共立出版（2014）.
18) 川上浩良,『工学のための高分子材料化学』, サイエンス社（2001）.
19) 松岡信一,『図解プラスチック成形加工』, コロナ社（2002）.
20) 宮本武明, 本宮達也ほか,『新繊維材料入門』, 日刊工業新聞社（1992）.
21) 石原一彦, 畑中研一, 山岡哲二, 大谷裕一,『バイオマテリアルサイエンス』, 東京化学同人（2003）.
22) 松浦和則ほか,『有機機能材料 基礎から応用まで』, 講談社（2014）.
23) 尾崎邦弘監修, 松浦一雄編著,『図解 高分子材料最前線』, 工業調査会（2002）.
24) 高分子学会編集,『最先端材料システム One Point 9 ドラックデリバリーシステム』, 共立出版（2012）.
25) 西敏夫編集代表,『高分子ナノテクノロジーハンドブック』, NTS（2014）.
26) ナノセルロースフォーラム編,『図解 よくわかるナノセルロース』, 日刊工業新聞社（2015）.

索　引

あ　行

アイソタクチック　44, 46, 91
アクチュエーター　146
アクリル　127
アクリロニトリル - ブタジエン共重合体　82
麻　127
アゾ化合物　12
アタクチック　44, 91
圧縮成形　130
アニオン　8
アニオン開環重合　41
アニオン重合　28, 51
アラミド繊維　142
安定状態　107

イオン伝導性高分子　148
イオン伝導膜　148
一次構造　124
一次電池　146

ウベローデ型毛細管粘度計　115

永久ひずみ　77
液晶紡糸　132
液体状態　93
エクストルーダ　129
エポキシ樹脂　66, 150
エボナイト　83
エラストマー　125
遠隔相互作用　102
エンジニアリングプラスチック　7, 135, 140
　──の分子設計　135
延　伸　131
エンタルピー　91
　──弾性　91, 92
　──変化　38, 143
円筒ダイ　129
エントロピー　84, 93
　──弾性　93
　──変化　38, 143
エンプラ　135, 140
　──の分子設計　143

か　行

開環重合　36
開環メタセシス重合　49
開始剤　11, 32
開始反応　15, 16
解重合　162
回転型粘度計　115
回転半径膨張因子　103
カイパラメーター　105
化学的エネルギー　147
化学ポテンシャルエネルギー　110
可逆的付加開裂連鎖移動反応　52
核生成・成長　108
下限臨界共溶温度　157
かご効果　14
過酸化物　12
荷重たわみ温度　135
ガスバリア性　138
加速クリープ　79
可塑剤　95
硬　さ　75
カチオン　8
　──開環重合　39
　──重合　28
カテーテル　156
下部臨界溶液温度　109
ε - カプロラクタム　42
ガラス状態　82
ガラス繊維　150
ガラス転移温度　94
加　硫　83
カルベン　47
還元粘度　99
乾式紡糸法　132

環状アミド　38
環状エステル　38
環状エーテル　38
緩和時間　80

規格化　74
気体状態　93
キチン　165
キトサン　165
絹　127
機能性高分子材料　145
ギブズ自由エネルギー変化　38, 143
休眠状態　52
共重合体　18
共存曲線　108
共鳴効果　31
極限粘度数　99
近接相互作用　102

屈曲性高分子　132
グラファイト　145
グラフト　153
　──共重合　19
　──共重合体　139
クリープ　78
グリーンポリマー　162

結合様式　124
結晶化　133
結晶化度　91
結晶状態　88, 90
結晶性高分子　90
結晶領域　90, 124
ケブラー繊維　142
ケミカルリサイクル　162
ゲル浸透クロマトグラフィー法　115
ゲル紡糸　132
原子移動ラジカル重合　52

抗血栓性　154
交互共重合　19
高次構造　124
硬質 PVC　138
格子モデル　104
較正曲線　116
合成ゴム　82

合成樹脂　125
剛　体　72
剛直性高分子　132
降伏強さ　77
降伏点　76
高分子有機 EL 素子　149
高密度ポリエチレン　136
五大エンジニアリングプラスチック　135
固体高分子型電池　147
固体高分子電解質膜　147
五大汎用エンプラ　140
五大汎用プラスチック　135
ゴ　ム　82, 125
　——状態　82, 93
　——弾性　93
固有粘度　99
コンタクトレンズ　156
コントロールリリース　159
コンフォメーション　124
根平均二乗回転半径　100
根平均二乗末端間距離　100

さ　行

再結合停止　15
細胞接着タンパク質　157
細胞培養基材　157
作動温度　147
サーマルリサイクル　162
酸化還元反応　146
三次元の網目構造　126
3 要素モデル　81

糸鞠状　84
実在鎖　103
湿式紡糸法　131
自動車用燃料電池　147
射出成形　128
自由回転鎖　101
重合度　4
重縮合　56
充填剤　150
重付加反応　56
重量平均重合度　61
重量平均分子量　4
自由連結鎖　101
樹　脂　2, 125
シュロック型錯体　48
準安定状態　108

蒸気圧　109
　——法　110
状態数　93, 104
上部臨界溶液温度　108
シリコーン樹脂　82
人工関節　156
シンジオタクチック　44, 91
親水性　154, 157
靱　性　76
浸透圧　109, 111
　——法　111

スーパーエンジニアリングプラスチック　135
スーパーエンプラ　135, 140
数平均重合度　58
数平均分子量　4
スチレン - ブタジエン共重合体　82
スチレン - ブタジエンゴム　85
スピノーダル曲線　108
スピノーダル分解　107
ずり応力　74, 97
ずり弾性率　75
ずり変形　74

成形加工法　128
脆　性　76
生体適合性　153
　——ポリマー　152
生長反応　15, 16
生分解性　162
セグメント　102
セルロース　163, 164
繊　維　125
繊維強化プラスチック　69, 150
遷移金属　53
　——触媒　43
遷移クリープ　78, 80
全芳香族（液晶）ポリエステル　140

相対粘度　99
相分離　106
束一的性質　109
測時球　98
束縛回転鎖　101
疎水性　154, 157
塑性変形　77
ソフトセグメント　155

た　行

第 2 ビリアル係数　111
耐衝撃性　92
体積収縮　37
耐摩耗性　142
ターゲッティング　158
ダッシュポット　75, 79
脱水和　157
脱離反応　29, 30
多糖類　163
多分散度　5
単位面積当たりの力　74
単純伸長　73
弾　性　72
弾性体　74
弾性変形　76
弾性率　75
炭素繊維　150
炭素繊維強化プラスチック　127
タンパク質吸着　153

遅延時間　81
逐次重合　7, 8, 9, 10, 36, 56

強さ（材料の）　75

低温作動型電池　147
停止反応　15, 29
定常クリープ　79
低密度ポリエチレン　136
電気伝導度　145
電　池　146
天然ゴム　82
導電性高分子　145
導電体　146
導電率　145

ドーマント状態　52
ドーピング　145
曇　点　108

な　行

内部エネルギー　89
ナイロン　42, 62, 127
6- ナイロン　140
6,6- ナイロン　141
ナタデココ　163
ナフィオン　148

索　引　187

ナフサ　161
生ゴム　83
軟質 PVC　138

2官能性モノマー　8
二次構造　124
二次電池　146
二重接線　107
ニュートン粘性体　75

熱可塑性エラストマー　85
熱可塑性樹脂　125
熱可塑性プラスチック　135
熱硬化性樹脂　64, 125
熱硬化性プラスチック　135
粘性　72
　──体　75
粘弾性体　72
粘度　75, 96
　──数　99
　──比　99
　──法　115
燃料電池　146
　──車「MIRAI」　147
　──スタック　147

は 行

配位アニオン重合　46
バイオマス　165
バイオマテリアル　152
配向結晶化　133
排除体積効果　103, 153
バイノーダル曲線　108
バイノーダル分解　108
バインダー　150
破壊的連鎖移動　16
破断点　77
バックバイティング　40
バッテリー　146
発泡スチロール　137
ハードセグメント　155
ばね定数　73
パリソン　130
半導体　145
反応性比　20, 24, 26
反応速度解析　16
反応度　68
汎用エンジニアリングプラスチック
　135

汎用較正曲線　116
汎用性高分子材料　7
汎用プラスチック　3, 135

光散乱法　112
非晶質　125
非晶状態　88, 90, 94
非晶領域　90, 124
ひずみ　73
　──速度　76, 97
微生物　162
引張強さ　77
ビニル基　3, 8
比粘度　99
表示素子　146
貧溶媒　103, 131

不安定状態　108
フィブロネクチン　157
フェノール樹脂　64
フォトニクス　149
付加縮合　64
不均一系触媒　44
不均化停止　15
複合化　127
複合材料　150
複接線　107
フック弾性体　75
フックの法則　73, 74
フッ素樹脂系のイオン交換膜　148
部分モル Gibbs 自由エネルギー　109
不飽和ポリエステル　68
プラスチック　2, 125
ブロー成形　130
ブロック共重合　19
　──体　85, 154
ブロックコポリマー　50
プロドラッグ　159
プロトン伝導性高分子　148
分岐　124
分極率　112
分散度　50, 59
分子間干渉効果　114
分子間力　83
分子鎖の広がり　84
分子内干渉効果　113
分子配向　133
分子量分布　5, 50, 59

平均重合度　57

ベタイン構造　155
ペットボトル　130
ヘテロタクチック　44
変性ポリフェニレンエーテル　141

紡糸　131
法線応力　74
膨張因子　103
補強材　150
保持時間　115
ポリ(3-アルキルチオフェン)　149
ポリ(9,9-ジアルキルフルオレン)
　149
ポリ(p-フェニレン)　145, 149
ポリ(p-フェニレンスルフィド)　145
ポリ(p-フェニレンビニレン)　149
ポリ(N-イソプロピルアクリルアミ
　ド)　157
ポリアセタール　142
ポリアセチレン　49, 145
trans-ポリアセチレン　146
ポリアニリン　145
ポリアミド　127, 140
ポリイソプレン　82
ポリイミド　140
ポリウレタン　63, 82
ポリエステル　127
ポリエチレン　136
ポリエチレングリコール　153
ポリエチレンテレフタレート　61, 141
ポリエーテルエーテルケトン　140
ポリ塩化ビニリデン　138
ポリ塩化ビニル　138
ポリオキシメチレン　142
ポリカーボネート　62, 140
ポリ酢酸ビニル　139
ポリスチレン　137
ポリスルホン　140
ポリチオフェン　145
ポリビニルアルコール　139
ポリピロール　145
ポリフェニレンスルフィド　140
ポリブタジエン　82
ポリブチレンテレフタレート　141
ポリプロピレン　137
ポリマー　3
ポリマーブラシ　153
ポリメタクリル酸メチル　138

ま 行

マクロブラウン運動　83, 89
末端間ベクトル　100
末端間膨張因子　103
マテリアルリサイクル　161
マトリックス　150

ミクロ相分離　85, 154
ミクロドメイン構造　154
ミクロブラウン運動　82, 90
ミセル　159

無限大の応力　78
無次元量　74
無定形高分子　91

2-メタクリロイルオキシエチルホスホ
　　リルコリン　155
メタセシス開環重合　36
メタセシス重合　47
メタロセン触媒　47
綿　127

毛細管粘度測定法　97
モノマー　3
　　——の仕込み比　58

や 行

薬物送達システム　158
ヤング率　75

有機EL　146, 149
有機ガラス　139
誘起効果　31

羊毛　127
溶融紡糸法　131
四大汎用プラスチック　135

ら 行

ラクタム　38
ラクトン　38
ラジカル　8
ラジカル重合の素反応　15
ランダム共重合　19
ランダムコイル鎖　101

力学モデル　79
リグニン　164
リサイクル　161
理想鎖　102
立体規則性　44
リビングカチオン重合　54
リビング重合　8, 34, 50
リビングラジカル重合　51
良溶媒　103, 131

ルイス酸　54

レドックス　12
連鎖移動反応　8, 15, 16, 29, 30, 40, 53
連鎖重合　7, 9, 10, 36

欧 文

π 電子共役系高分子　145
Θ 温度　103

ABS 樹脂　138, 139
Alfrey-Price の式　22, 24

CF　150
CFRP　150
Chauvin メカニズム　48

DDS　158
DTUL　135

e 値　22, 24, 31, 33

FC　146
FC スタック　147
Flory-Fox の粘度式　116
Flory 温度　103
FRP　150
FS　138

GF　150
GFRP　150
Gibbs 自由エネルギー変化　104
Grubbs 触媒　48

HDPE　43, 136
head to head　41
head to tail　41
HOMO　23
Huggins 係数　99

Kaminsky 触媒　45

LCP　140
LCST　157
LDPE　43, 136
LUMO　23

Mark-Houwink-Sakurada の式　100
Maxwell モデル　79
Mayo-Lewis 式　26
MPC　155

PBT　141
PC　140
PE　136
PEEK　140
PEFC　147
PEG　153
PET　61, 141
PI　140
PMMA　138
PNIPAAm　157
POM　142
PP　137
m-PPE　141
PPS　140
PS　137
PSF　140
PVA　139
PVAc　139
PVC　138
PVDC　138

Q 値　22, 24, 31, 33

Rayleigh 比　113

SOMO　23

T ダイ　129

van't Hoff の式　111
Voigt モデル　79

Ziegler-Natta 触媒　43, 45
Zimm プロット　114

著者略歴

畔田 博文（くろだ ひろふみ）
東京工業大学大学院総合理工学研究科博士課程修了
（1996年） 博士（工学）
石川工業高等専門学校一般教育科 教授

福田 知博（ふくだ ともひろ）
北陸先端科学技術大学院大学マテリアルサイエンス研究科修了（2010年） 博士（マテリアルサイエンス）
富山高等専門学校物質化学工学科 准教授

森 康貴（もり やすたか）
首都大学東京大学院システムデザイン専攻科博士課程修了（2011年） 博士（工学）
富山高等専門学校物質化学工学科 准教授

伊藤 研策（いとう けんさく）
京都大学大学院工学研究科高分子化学専攻博士課程単位取得退学（1987年） 博士（工学）
富山大学大学院理工学研究部 准教授

遠藤 洋史（えんどう ひろし）
東北大学大学院工学研究科博士後期課程修了（2007年）
博士（工学）
富山県立大学工学部機械システム工学科 准教授

佐藤 久美子（さとう くみこ）
岩手大学大学院工学研究科博士後期課程修了（2009年）
博士（工学）
八戸工業高等専門学校マテリアル・バイオ工学コース
教授

これでわかる基礎高分子化学（きそこうぶんしかがく）

2016年11月10日　初版第1刷発行
2024年3月30日　初版第2刷発行

　　　　　　　　　© 著　者　畔　田　博　文　ほか
　　　　　　　　　　発行者　秀　島　　　功
　　　　　　　　　　印刷者　荒　木　浩　一

発行所　三共出版株式会社　東京都千代田区神田神保町3の2
　　　　　　　　　　　　　郵便番号 101-0051 振替 00110-9-1065
　　　　　　　　　　　　　電話 03-3264-5711 FAX 03-3265-5149
　　　　　　　　　　　　　https://www.sankyoshuppan.co.jp

一般社団法人 日本書籍出版協会・一般社団法人 自然科学書協会・工学書協会　会員

印刷・製本　アイ・ピー・エス

JCOPY ＜（一社）出版者著作権管理機構 委託出版物＞
本書の無断複写は著作権法上での例外を除き禁じられています。複写される場合は，そのつど事前に，（一社）出版者著作権管理機構（電話 03-5244-5088, FAX 03-5244-5089, e-mail: info@jcopy.or.jp）の許諾を得てください。

ISBN 978-4-7827-0755-5